# 6年ぶりのWindows 新バージョン Windows 11 登場！

2021年10月5日、マイクロソフトからWindows 11がリリースされました。Windows 10の登場以来6年ぶりの新バージョンのWindowsで、画面の見た目や機能が大幅に変化しています。Windows 10からは無料でアップグレードすることができ、対応するパソコンには2022年半ばまでにかけて段階的にアップグレードの通知が届く予定です。

まずは、Windows 11の新機能、自分のパソコンがWindows 11で動作するかどうかの確認方法、Windows 11にアップグレードする方法、そして今回大きく変わった画面構成について紹介します。

# 新しいデザインでリニューアル！
# Windows 11 のBEST 新機能 6

## 1 中央に配置された『スタートメニュー』

Windows 10ではタスクバーのアイコンが左寄せでしたが、Windows 11では中央に配置される仕様に変わりました。スタートメニューも大きく変わり、よく使うアプリをピン留めしたり、最近追加したアプリやファイルをスタートメニューから開いたりすることが可能です。アイコンのデザインも大きく変更されています。

## 2 複数のウィンドウを整列する『スナップレイアウト』

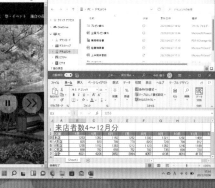

ウィンドウのスナップ機能が強化され、複数のウィンドウを開いている場合でも、きれいに整列できるようになりました。レイアウトパターンは複数あるので、好みのレイアウトを選択することができます。ほかのウィンドウを見ながら作業したいときに重宝する機能です。

はみだし100% Windows 11のデザインは、新たに「Fluentデザインシステム」が採用されています。ウィンドウが角丸のデザインになり、アイコンもシンプルかつカラフルなものに一新されました。

# **3** 必要な情報をいち早く確認できる 『ウィジェット』

Windows 11で新たに追加されたのが「ウィジェット」機能です。ニュースや天気予報、カレンダーなどをひとまとめにして表示できるうえ、タスクバーにあらかじめウィジェットのアイコンが配置されているので、クリックするだけで必要な情報にアクセスすることができます。ウィジェットは追加や削除が可能なので、好みに合わせてカスタマイズしてみるとよいでしょう。

# **4** 手軽にコミュニケーションが取れる 『チャット』

Microsoft Teamsの機能が統合された「チャット」機能を利用することができます。タスクバーにアプリのアイコンが配置されているので、よりシームレスにコミュニケーションが図れます。テキストでのやり取りはもちろん、ビデオ通話も可能です。利用にはMicrosoftアカウントが必要ですが、アプリをインストールしなくても利用できるため便利です。

# **5** すっきりしたUIに変わった 『エクスプローラー』

エクスプローラーではWindows 10で表示されていたリボンは廃止され、ツールバーのみの表示となりました。ファイルやフォルダーのコピーや貼り付け、共有、削除など、必要な機能をツールバーのアイコンをクリックするだけで利用できます。ウィンドウが角丸になっているのも特徴です。

# **6** 新着情報は 『通知センター』で確認

Windows 10のアクションセンターは通知機能を集約した「通知センター」となり、上部に通知が表示され、最新の通知はもちろん、過去の通知も一覧表示されているので見逃す心配がありません。通知をクリックすればアプリが起動し、詳細を確認することができます。また、下部には今日の日付が表示されていますが、∧をクリックすることで1か月表示に切り替えることも可能です。

**はみだし 100%** 上記のほかにこれからリリースされる予定の新機能として、Androidスマートフォン用のアプリが利用可能です。詳細はまだ未定ですが、アプリはMicrosoft Store（P.060参照）から提供される予定です。

# あなたのパソコンや周辺機器は動作する!?
## Windows 11で動作するかどうかの確認方法と Windows 10からの乗り換え案内

Windows 11を利用するためには、Windows 10からアップグレードする方法と、Windows 11対応のパソコンを購入する方法の2つがあります。まずは、手持ちのパソコンがWindows 11にアップグレード可能かどうか確認してみましょう。

## Windows 11へのアップグレードに必要なシステム要件

Windows 11をインストールできる基本要件として、Microsoftでは右のようなスペックを推奨しています。CPUやメモリの要件は多くのパソコンでクリアできていると思いますが、システムファームウェアとTPMはWindows 10にはなかったシステム要件なので、実際には3〜4年前のパソコンでもWindows 11がインストールできない場合があります。

手持ちのパソコンがWindows 11で動作するかどうかあらかじめ次の方法で確認してみてください。

|  |  |
|---|---|
| CPU（プロセッサ） | 1GHz 以上で 2 コア以上の 64 ビット互換プロセッサ または システム・オン・チップ（SoC） |
| メモリ | 4GB 以上 |
| ストレージ | 64GB 以上 |
| システムファームウェア | UEFI、セキュアブート対応 |
| TPM | トラステッドプラットフォームモジュール（TPM）バージョン 2.0 |
| グラフィックスカード | DirectX 12 以上（WDDM 2.0 ドライバー） |
| ディスプレイ | 対角サイズ 9 インチ以上 8 ビットカラー対応 高解像度（720p）ディスプレイ |
| インターネット接続 | あり |

### メーカーのWebサイトで確認する

手持ちのパソコンがWindows 11へのアップグレードに対応しているかどうかは、各メーカーのWebサイトからでも確認することができます。

右図は、Dynabookが公表している、Windows 11へのアップグレードに対応予定の機種一覧です。このように、各メーカーでは、Windows 11へのアップグレード動作確認を行った製品や対応モデルなどの情報が公開されています。自身が持っているパソコンのメーカーのWebサイトにアクセスして確認してみましょう。

https://dynabook.com/assistpc/osup/windows11/target/

  Windows 11へのアップグレードは、本書執筆時点では無料で行えます。アップグレード後、10日以内なら「設定」画面（P.062参照）の＜システム＞→＜回復＞→＜復元＞からもとに戻すことが可能です。

## 1 Microsoft の Web サイトを開く

Webブラウザで「https://www.microsoft.com/ja-jp/windows/windows-11」にアクセスし、画面を下方向にスクロールして、「互換性の確認」の<PC正常性チェックアプリのダウンロード>をクリックします。

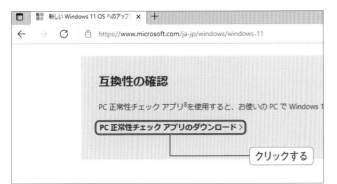

## 2 ダウンロードファイルを開く

PC正常性チェックアプリのインストーラーがダウンロードされるので、<ファイルを開く>をクリックします。

## 3 <インストール>をクリックする

契約内容を確認し、<使用許諾契約書に同意します>をクリックしてチェックを付け❶、<インストール>をクリックします❷。

## 4 インストールが完了する

インストールが完了すると下の画面が表示されます。<完了>をクリックします。

## 5 要件を確認する

手順4で「Windows PC正常性チェックを開く」にチェックを付けた場合はアプリが開きます。<今すぐチェック>をクリックします。

## 6 結果が表示される

結果が表示されます。要件を満たしていない場合は、<すべての結果を表示>をクリックすると、動作要件を満たしていない箇所を確認することができます。

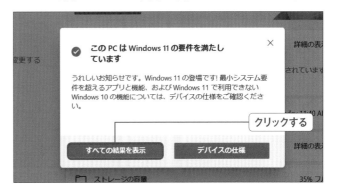

はみだし100% Windows 11へのアップグレード要件を満たしていない場合、残念ながらWindows 11を利用することはできません。Windows 10は2025年10月14日までサポートされているので、それまではWindows 10でパソコンを利用可能です。

# 乗り換え方法① Windows 10 からアップグレードする

Windows 11へのアップグレード要件を満たしていた場合は、「Windows 11インストールアシスタント」を利用すれば、Windows 11へアップグレードすることができます。この方法であれば、データの移行は必要ないので手軽にアップグレードできます。なお、Windows 11のダウンロードとインストールには時間がかかるので、時間的に余裕があるときに行いましょう。

なお、本書では解説しませんが、Windows 11をUSBメモリやDVD-ROMから新規にクリーンインストールしたい場合は「インストールメディアを作成する」方法や「Windows 11ディスクイメージ（ISO）をダウンロードする」方法もあります。この場合は、データの移行やアプリの再インストールなどが必要となります。いずれもインストールは自己責任で行ってください。

## 1 ダウンロードサイトにアクセスする

Webブラウザで「https://www.microsoft.com/ja-jp/software-download/windows11」にアクセスし、「Windows 11 インストール アシスタント」の＜今すぐダウンロード＞をクリックします。

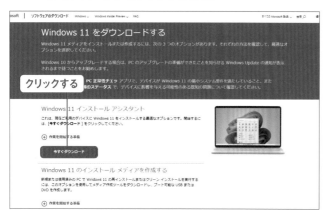

## 2 ダウンロードファイルを開く

インストーラーがダウンロードされるので、＜ファイルを開く＞をクリックします。

## 3 ＜はい＞をクリックする

「ユーザーアカウント制御」画面が表示されたら、＜はい＞をクリックします。

## 4 ライセンス条項を確認する

ライセンス条項を確認し、＜同意してインストール＞をクリックすると、ダウンロードとインストールが始まります。再起動を促す画面が表示されたら、＜今すぐ再起動＞をクリックすると、Windows 11が利用できるようになります。

**はみだし 100%** Windows 11へのアップグレードは本来マイクロソフトから段階的に配信されるため、必要要件を満たしていてもすぐにアップグレードできない場合があります。上記の方法を使えば、すぐにアップグレードすることが可能です。

# 乗り換え方法② Windows 11 のパソコンを購入する

## Windows 11のパソコンを購入する

残念ながらWindows 11へのアップグレード要件を満たしていなかった場合は、Windows 11のパソコンを購入すれば、Windows 11を利用できるようになります。購入する際は、利用目的によってパソコンの種類や性能を検討しましょう。パソコンの種類や性能によって価格も異なりますが、近年では高性能でありながらも低価格なパソコンが増えてきています。

なお、Windows 11のパソコンを新しく購入する場合は、USBメモリーや外付けHDD／SSDを利用して、Windows 10のパソコン内にあるファイルを移行する必要があります。OneDriveなどのクラウドストレージを利用すれば、データをアップロードしておくだけで、あらゆるデバイスからアクセスすることができます。データの移行については、第5章で解説しています。

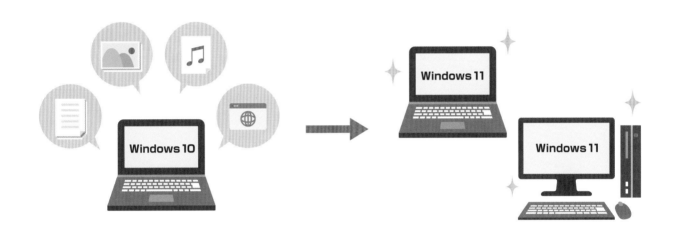

## 周辺機器の互換性を確認する

Windows 11にアップグレードできても、パソコンの周辺機器がきちんと動作しなければWindows 11を快適に利用することはできません。パソコンの周辺機器としては、マウスやキーボードをはじめ、Wi-Fiルーター、Webカメラ、マイク、スピーカー、プリンターなどさまざまなものが挙げられます。使用している周辺機器がWindows 11に対応しているかどうか、各メーカーのWebサイトを確認しておきましょう。

# 何が変わった!?
# Windows 10との違いと画面構成

Windows 11のパソコンを起動するとデスクトップ画面が表示されます。Windows 10ではタスクバーのアイコンが左寄せで配置されていましたが、Windows 11では標準で中央に配置されました。スタートボタンをクリックしてスタートメニューを表示することで、さまざまな操作が行えます。

## Windows 11のデスクトップ画面

**アイコン**
デスクトップ上にあるアプリやファイルのアイコンです。ダブルクリックすると、アプリが起動したりファイルが開いたりします。なお、デスクトップ画面で右クリックするとメニューが表示され、さまざまな操作を行うことができます。

**スタートメニュー**
アプリを起動したり、パソコンをシャットダウンしたりするためのメニューです（P.009参照）。

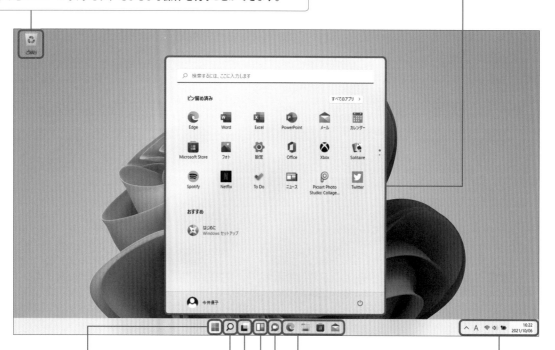

**スタートボタン**
クリックするとスタートメニューを開くことができます。また、右クリックすると、主要なメニューにすばやくアクセスすることができます。

**検索ボタン**
クリックして検索ボックスに検索したいキーワードを入力すると、パソコン内に入っているアプリやファイルのほか、Webページの検索も行えます。

**タスクビュー**
クリックするとアプリを切り替えたり仮想デスクトップを追加して切り替えたりすることができます。

**通知領域**
現在の日時や音量、パソコンのバッテリー残量やインターネットの接続状況などが表示されています。

**タスクバー**
タスクバーのアプリアイコンをクリックすると、アプリが起動します。

**チャット**
クリックするとMicrosoftアカウントを持っているユーザーとチャットやビデオ通話ができます。

**ウィジェット**
クリックすると天気やニュース記事などを確認することができます。

 はみだし 100% Windows 10との画面の違いとしてデザインの変更のほか、スタートメニューのタイル、音声アシスタントのコルタナ、過去に行った操作を検索するタイムラインなどがなくなりました。

# Windows 11 のスタートメニュー

**検索ボックス**
検索したいキーワードを入力すると、パソコン内のアプリやファイルのほか、Webページの検索が行えます。

**アプリ**
<すべてのアプリ>をクリックすると、パソコン内のアプリがアルファベット順、五十音順に並んでいます。

**ピン留め済み**
スタートメニューにピン留めしたアプリが表示されます。ドラッグして順番を入れ替えることができます。

**おすすめ**
最近追加したアプリやファイルが表示されます。クリックすると該当のアプリやファイルが開きます。

**ユーザーアカウント**
アカウント設定の変更や画面ロック、サインアウトができます（P.068参照）。

**フォルダー**
よく使うフォルダーを表示させておくことができます（P.015参照）。

**電源**
クリックすると、電源メニューが表示されます（P.013参照）。

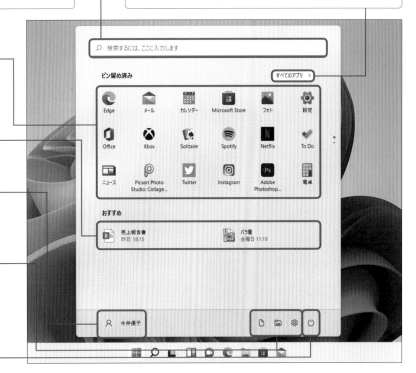

 # Windows 11 のエクスプローラー

**ツールバー**
フォルダーの新規作成のほか、コピーや貼り付け、共有、削除など、ファイル操作に関する機能を利用できます。

**検索**
特定のフォルダーを開き、右上の検索欄にキーワードを入力すると、ファイルやフォルダーを検索することができます。

**クイックアクセス**
エクスプローラーを開くと最初に表示されます。よく使用するフォルダーや最近使用したファイルが表示されています。

**OneDrive**
Microsoftアカウントで利用できるクラウドストレージです。エクスプローラーからOneDriveのフォルダーやファイルにアクセスすることができます。

**ナビゲーションウィンドウ**
ドキュメントやピクチャなど、パソコン内のファイルにアクセスできます。ダウンロードしたファイルやフォルダーも確認することができます。

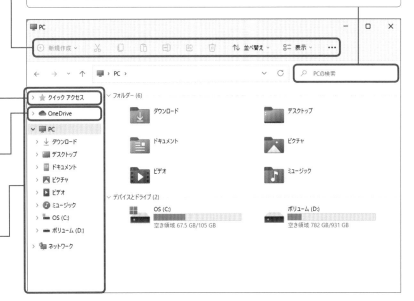

**はみだし 100%** エクスプローラーでは、上記のほかに右クリックした際のメニュー表示も変わりました。よく使われる項目のみ表示され、<その他のオプションを表示>をクリックすると全項目が表示されます。

# Windows 10 » Windows 11 乗り換え＆徹底活用 100% 入門ガイド

## ご注意：ご購入・ご利用の前に必ずお読みください

●本書に記載した内容は、情報の提供のみを目的としています。したがって、本書を用いた運用は、必ずお客様自身の責任と判断によって行ってください。これらの情報の運用の結果について、技術評論社はいかなる責任も負いません。Windows 11へのアップグレードやデータの移行は自己責任で行ってください。

●ソフトウェアに関する記述は、特に断りのない限り、2021年10月現在での最新バージョンをもとにしています。ソフトウェアはバージョンアップされる場合があり、本書での説明とは機能内容や画面図などが異なってしまうこともあり得ます。あらかじめご了承ください。

●本書は、以下の環境での動作を検証しています。
　OS：Windows 10 Home、Windows 11 Home

●インターネットの情報については、URLや画面などが変更されている可能性があります。ご注意ください。

以上の注意事項をご承諾いただいたうえで、本書をご利用願います。これらの注意事項をお読みいただかずに、お問い合わせいただいても、技術評論社は対処しかねます。あらかじめ、ご承知おきください。

■本書に掲載した会社名、プログラム名、システム名などは、米国およびその他の国における登録商標または商標です。本文中では、™、®マークは明記していません。

基本操作

Chapter **1**

# Windows 11を
# 操作してみよう

# Windows 11を
# 起動／終了しよう

▶ 起動

▶ 終了

Windows 11を利用するには、パソコンを起動して、設定したパスワードでサインインする必要があります。パソコンを終了する場合は、スタートメニューからシャットダウンして終了します。パソコンを一時的に停止したい場合は、スリープ状態にするとよいでしょう。

## Windows 11 を起動する

### 1 パソコンの電源を入れる

電源ボタンを押して、パソコン本体の電源を入れます。

押す

### 2 ロック画面をクリックする

ロック画面が表示されたら、画面をクリックします。

11:30
10月6日 (水)

クリックする

### 3 PIN を入力する

ユーザー名が表示されます。PINを入力します。

今井優子

入力する ──── PIN

PIN を忘れた場合

### 4 デスクトップ画面が表示される

サインインが完了し、デスクトップ画面が表示されます。

**はみだし 100%** 手順2では、キーボードのキーを押すことでも手順3の画面が表示されます。なお、手順3で入力するPINは、初期設定時に設定 (P.093手順8) したPINです。なお、パスワードの場合もあります。

# Windows 11 を終了する

## 1 スタートメニューを開く

タスクバーの ▦ をクリックするか、⊞ キーを押します。

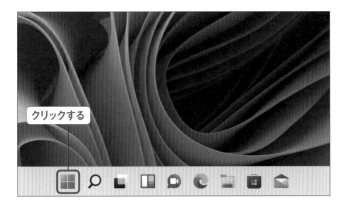

## 2 ⏻をクリックする

スタートメニューが表示されるので、⏻ をクリックします。

## 3 ＜シャットダウン＞をクリックする

電源メニューの一覧から＜シャットダウン＞をクリックします。

## 4 パソコンが終了する

Windows 11が終了し、パソコンの電源がオフになります。

---

### 📝 COLUMN

## シャットダウン／スリープ／再起動の違い

Windows 11の電源メニューには、シャットダウンのほかにスリープと再起動があります。

・スリープ………画面がオフになり、一時的に停止状態になります。マウスやキーボードなどのデバイスを操作すると、スリープが解除されます。

・再起動………シャットダウンされたあと、自動的にパソコンが起動します。

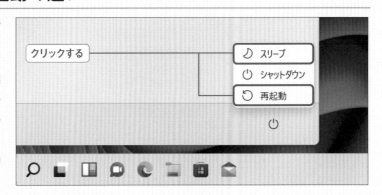

---

はみだし
100%　スリープ／スリープ解除は、デスクトップパソコンの場合は電源ボタンを押すことで、ノートパソコンの場合は蓋の開閉で行うことができます（対応していない機種もあります）。

# スタートメニューの
# 使い方を知ろう

 スタートメニュー
カスタマイズ

Windows 11ではスタートメニューが刷新されました。画面上部に使用頻度の高いアプリを配置したり、よく使う項目を表示させたりすることができます。使いやすいようにカスタマイズしてみましょう。

## スタートメニューを開く

### 1 ■をクリックする

タスクバーの■をクリックします。

クリックする

### 2 スタートメニューが表示される

スタートメニューが表示されます。

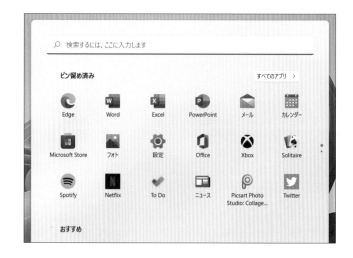

### 3 ＜すべてのアプリ＞をクリックする

上部には使用頻度の高いアプリが表示されています。＜すべてのアプリ＞をクリックします。

### 4 すべてのアプリが表示される

パソコン内に入っているすべてのアプリが表示されます。

はみだし
100% 手順4の画面でアプリを右クリックし、＜スタートにピン留めする＞をクリックすると、スタートメニューの「ピン留め済み」に表示させることができます。ここに配置されているアプリは、ドラッグして配置を変えられます。

# スタートメニューをカスタマイズする

## 1 「設定」画面を表示する

スタートメニューを表示し、<設定>をクリックします。

## 2 <個人用設定>をクリックする

左側に表示されるメニューから<個人用設定>をクリックします。

## 3 <スタート>をクリックする

<スタート>をクリックします。

## 4 表示方法を切り替える

各項目のオン/オフを切り替えて、スタートメニューに表示する情報を設定します。

## 5 フォルダーを選択する

手順4の画面で<フォルダー>をクリックし、よく使う項目をオンにします。

## 6 スタートメニューに表示される

スタートメニューを開くと、手順5で設定した項目のアイコンが常に右下に表示されるようになります。

はみだし100%　手順3の画面で<タスクバー>をクリックし、<タスクバーの動作>をクリックします。「タスクバーの配置」を「左揃え」にすると、Windows 10のようにスタートボタンの配置を左揃えに設定できます。

# アプリを起動／終了しよう

- ▶ アプリ
- ▶ タスクバー

アプリを起動する方法は複数あります。アプリ一覧から選択したい場合は、スタートメニューから起動するとよいでしょう。タスクバーやデスクトップ画面上にアプリのアイコンがある場合は、そこからすばやく起動することもできます。

## 🖥 スタートメニューからアプリを起動／終了する

### 1 スタートニューを開く

タスクバーの ⊞ をクリックするか、⊞キーを押します。

### 2 すべてのアプリを表示する

＜すべてのアプリ＞をクリックします。

### 3 アプリをクリックする

アプリがアルファベット順、五十音順に並んでいます。下方向にスクロールし❶、起動したいアプリをクリックします❷。なお、インストールしたアプリはフォルダーにまとめられていることがあります。

### 4 アプリが起動する

クリックしたアプリが起動します。✕をクリックすると、アプリが終了します。

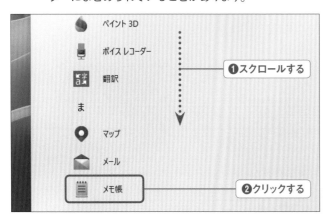

**はみだし 100%** スタートメニューを開くと、最近追加したアプリやファイルなどが「おすすめ」に表示されるようになっています。なお、この「おすすめ」は非表示にはできません（2021年10月時点）。

# タスクバーからアプリを起動する

## 1 タスクバーからアプリを起動する

タスクバーに表示されているアプリのアイコンをクリックします。

## 2 アプリが起動する

クリックしたアプリが起動します。

# デスクトップ画面からアプリを起動する

## 1 アイコンをダブルクリックする

デスクトップ画面上に表示されているアプリのアイコンをダブルクリックします。

## 2 アプリが起動する

ダブルクリックしたアプリが起動します。ここでは、ごみ箱の中身が表示されます。

---

## 📝 COLUMN

### アプリを検索する

アプリを検索したいときは、P.016手順 2 の画面で上部の検索欄をクリックし、起動したいアプリの名前を入力します❶。アプリの候補が表示されるので、起動したいアプリをクリックすると❷、アプリが起動します。目的のアプリがなかなか見つからないときは、アプリを検索してみるとよいでしょう。

---

**はみだし 100%** アプリを起動すると、タスクバーにそのアプリのアイコンと下線が表示されます。すでにタスクバーに表示されているアプリを起動した場合は、そのアプリのアイコンに下線が表示されます。

# 複数のウィンドウを きれいに並べよう

▶ スナップレイアウト
▶ スナップグループ

Windows 11ではアプリのウィンドウを指定した位置に整列できる「スナップ」機能が強化されました。作業中のウィンドウをきれいに整列させることができるため、複数のウィンドウを開いて作業しているときに役立ちます。

## 複数のウィンドウを配置する

### 1 ウィンドウを開く

最初に配置したいアプリのウィンドウを開きます。

### 2 レイアウトが表示される

□（最大化ボタン）にマウスポインターを合わせると、4〜6パターンのスナップレイアウトが表示されます。

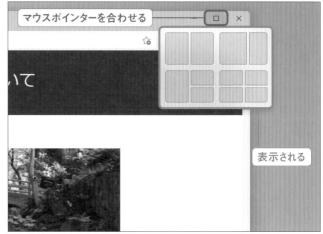

マウスポインターを合わせる

表示される

### 3 配置する領域を選択する

ここでは左下のスナップレイアウトを選択して、3つのウィンドウを配置します。1つ目のウィンドウを配置したいゾーンをクリックします。

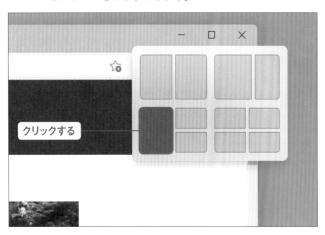

クリックする

### 4 2つ目のウィンドウを選択する

1つ目のウィンドウが左側に配置されます。続いて、2つ目（右上）に配置するウィンドウをクリックします。

クリックする

配置される

はみだし 100%　スナップ機能が利用できない場合は、P.015を参考に「設定」画面を表示し、＜システム＞→＜マルチタスク＞の順にクリックして、「ウィンドウのスナップ」をオンにします。

## 5 3つ目のウィンドウを選択する

2つ目のウィンドウが配置されます。続いて、3つ目（右下）に配置するウィンドウをクリックします。

## 6 ウィンドウが整列する

3つのウィンドウがきれいに整列し、それぞれのウィンドウを見ながら作業することができます。

---

# ウィンドウの幅を変える

## 1 境界部分をドラッグする

配置されたウィンドウ間の境界部分にマウスポインターを合わせると、バーが表示されるので、左右（または上下）にドラッグします。

## 2 表示範囲が変わる

ウィンドウの大きさを変更することができます。

---

# スナップグループを表示する

## 1 「グループ」を選択する

別のウィンドウを表示した状態でタスクバーのアプリのアイコンにマウスポインターを合わせ❶、「グループ」のウィンドウをクリックします❷。

## 2 スナップグループが表示される

スナップレイアウトで配置したウィンドウ（スナップグループ）が表示されます。

**はみだし 100%** 最大化ボタンが表示されているアプリは、基本的にスナップ機能を利用できます。マウスポインターを合わせてもスナップレイアウトが表示されない場合は、スナップレイアウトが表示されるアプリを最初に選択するようにしましょう。

# アプリを切り替えよう

 タスクビュー

 アプリ

複数のアプリを効率的に切り替えたいときは、「タスクビュー」機能を利用しましょう。起動中のアプリの数が多ければ多いほど威力を発揮します。また、不要なアプリを効率的に終了することもできます。

## タスクビューでアプリを切り替える

### 1 タスクビューを表示する

複数のアプリを開いた状態で、タスクバーの ■ をクリックします。

### 2 不要なアプリを終了する

起動中のアプリが表示されます。不要なアプリにマウスポインターを合わせ、✕をクリックすると、そのアプリが終了します。

### 3 アプリをクリックする

切り替えたいアプリをクリックします。

### 4 アプリが切り替わる

クリックしたアプリが表示されます。

**はみだし 100%** ■キーを押しながら Tab キーを押すことでもタスクビューを表示させることができます。←キーもしくは→キーでアプリを選択して Enter キーを押すと、そのアプリに切り替わります。

# よく使うアプリをすばやく起動できるようにしよう

▶ タスクバー
▶ ピン留め

タスクバーに表示されているアプリのアイコンをクリックすると、アプリをすばやく起動することができます。よく使用するアプリは、タスクバーにピン留めしておくと便利です。なお、ピン留めはいつでも外すことができます。

## 🖥 タスクバーにアプリをピン留めする

### 1　スタートメニューを開く

P.016手順③の画面で、ピン留めしたいアプリを右クリックします。

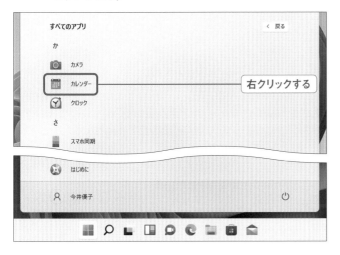

### 2　アプリをピン留めする

＜詳細＞をクリックし❶、＜タスクバーにピン留めする＞をクリックします❷。

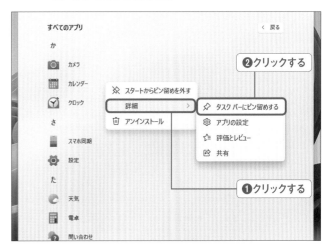

### 3　ピン留めを確認する

タスクバーにアプリのアイコンがピン留めされます。

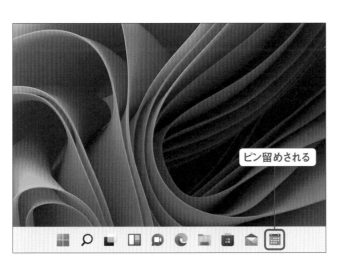

### 📝 COLUMN

## ピン留めを外す

タスクバーのピン留めを外す場合は、タスクバーでアプリのアイコンを右クリックし❶、＜タスクバーからピン留めを外す＞をクリックします❷。

---

はみだし
100%　タスクバーにピン留めされたアプリのアイコンは、ドラッグ操作で左右の順序を入れ替えることができます。また、アプリによってはインストール時に自動的にタスクバーにピン留めされるものもあります。

# ウィジェットを表示しよう

▶ ウィジェット
▶ ニュースフィード

Windows 11で新たに「ウィジェット」機能が追加されました。天気予報やカレンダー、タスクなどを手軽にチェックすることができます。また、下側にはニュース記事が表示されているので、常に最新の情報を知ることができます。

## 🖥 ウィジェットを表示する

### 1 ウィジェットを開く

タスクバーで◻をクリックするか、⊞＋Ｗキーを押します。

### 2 ウィジェットが表示される

ウィジェットが表示されます。右上の👤または＜ウィジェットを追加＞をクリックします。

### 3 ウィジェットを追加する

追加したいウィジェットの⊕をクリックすると、ウィジェットを追加できます。

### 📝 COLUMN

## ニュースを読む

ウィジェット画面を下方向にスクロールすると、ニュースフィードが表示され、記事にリアクションを付けたり、⋯をクリックして「後で読む」に設定したりすることができます。また、記事のサムネイルをクリックすると、Webブラウザが起動して記事の全文が表示されます。

**はみだし 100%** ウィジェットの表示内容はMicrosoft Edgeのスタートページと関連付けられています。手順**2**の画面でアカウントのアイコンが表示されていない場合は、先にP.028を参考にMicrosoft Edgeを起動してセットアップを行ってください。

## 通知を確認しよう

基本操作

Chapter **1** ▶ Windows 11を操作してみよう

● 通知センター
● 通知

新着メールやアプリなどからのお知らせがあると通知センターに届きます。通知センターを開くまでは未読の数字が表示されているので見逃す心配もありません。通知センターから通知が届いたアプリを起動したり、通知を削除したりすることもできます。

## 💻 通知センターで通知を確認する

### 1 ❶をクリックする

画面右下の❶（数字は未読の数を表しています）、または日付部分をクリックします。

### 2 通知センターが表示される

通知センターが表示されます。上部には通知が表示され、下部には今日の日付が表示されています。通知をクリックすると、通知に関連するアプリが起動します。

### 3 通知を削除する

通知にマウスポインターを合わせ、✕をクリックすると通知が削除されます。なお、∨をクリックすると内容が展開表示され、＜すべてクリア＞をクリックするとすべての通知が削除されます。

### 📝 COLUMN

### 通知センターの通知を停止する

通知を停止したいときは、手順 **2** の画面で＜集中モード設定＞をクリックします。「設定」画面が開き、通知を制限する設定が行えます（P.070参照）。

はみだし 100% ：通知センターを開くと下部に今日の日付が表示されています。右側に表示されている∧をクリックすると、1か月表示のカレンダーに切り替わります。

# エクスプローラーでファイルを操作しよう

▶ エクスプローラー
▶ ファイル操作

Windows 11のエクスプローラーではリボンが廃止され、ツールバーのみの表示になっています。ここでは、ファイルを開く方法のほか、フォルダーを作成したり、ファイルをコピー&ペーストしたり、圧縮したりする方法を紹介します。

## ファイルを開く

### 1 エクスプローラーを開く

タスクバーで■をクリックしてエクスプローラーを開き、閲覧したいファイルをダブルクリックします。

### 2 ファイルが開かれる

ファイルが開かれます。✕をクリックすると、ファイルが閉じます。

## ファイルの表示方法を変える

### 1 ＜表示＞をクリックする

上の手順①の画面で＜表示＞をクリックし❶、表示方法（ここでは＜並べて表示＞）をクリックします❷。

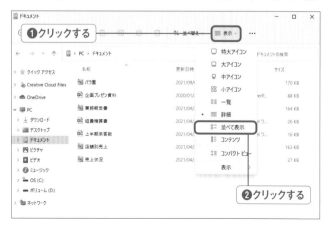

### 2 表示方法が切り替わる

表示方法が切り替わります。わかりやすい表示方法に変えておくとよいでしょう。

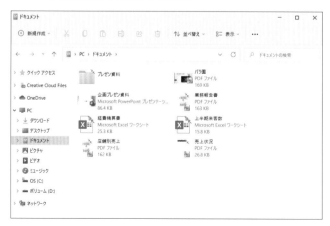

はみだし
100%　上側の手順①の画面で＜並べ替え＞をクリックすると、「名前」「更新日時」「種類」などの順に並べ替えられます。＜グループ化＞をクリックすると、「作成者」や「タグ」などで分類することができます。

# 新しいフォルダーを作成する

## 1 「ドキュメント」を開く

フォルダーを作成したい場所（ここでは「ドキュメント」）を表示して、＜新規作成＞をクリックします。

## 2 フォルダーを作成する

＜フォルダー＞をクリックします。

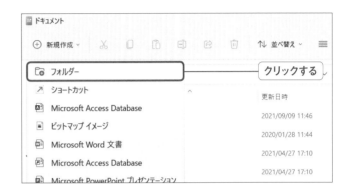

## 3 フォルダー名を入力する

フォルダー名を入力し、Enterキーを押します。

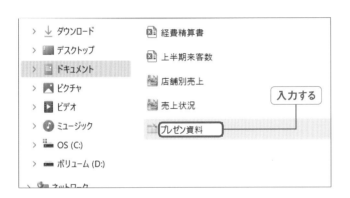

## 4 フォルダーが作成される

フォルダーが作成されます。

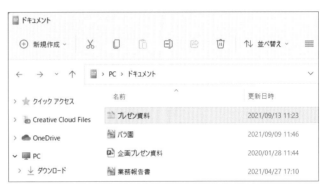

# ファイルをコピー&ペーストする

## 1 ファイルを選択する

コピーしたいファイルをクリックし❶、□ をクリックします❷。

## 2 □をクリックする

貼り付けたい場所を表示し、□ をクリックすると、ファイルがペーストされます。

はみだし
100% ファイルをクリックしたまま任意のフォルダにドラッグ＆ドロップすると、ファイルを移動することができます。また、
ファイルを選択し、🖄をクリックすると、ファイルを共有することができます。

025

# ファイルを圧縮／展開する

## 1 ファイルを選択する

圧縮したいファイルを選択して右クリックし❶、＜ZIP ファイルに圧縮する＞をクリックします❷。

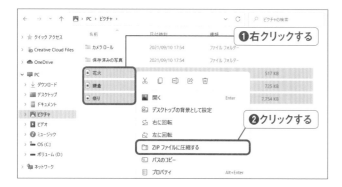

## 2 ファイル名を入力する

ファイル名を入力し、[Enter]キーを押すと、圧縮されたファイルが作成されます。

## 3 ＜すべて展開＞をクリックする

展開したい圧縮ファイルを右クリックし❶、＜すべて展開＞をクリックします❷。

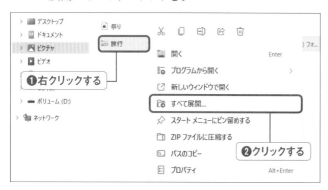

## 4 圧縮ファイルを展開する

展開する場所を選択し❶、＜展開＞をクリックすると❷、圧縮ファイルが展開されます。

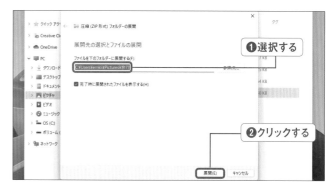

# ファイルを削除する

## 1 🗑をクリックする

削除したいファイルをクリックし❶、🗑をクリックします❷。

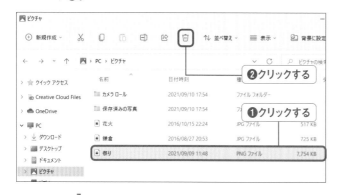

## 2 ファイルが削除される

ファイルが削除され、ごみ箱に移動します。

はみだし 100% [Ctrl]+[Z]キーを押すともとに戻す操作が、[Ctrl]+[Y]キーをクリックするとやり直す操作が行えます。間違えてファイルを移動・削除してしまったときなどは、[Ctrl]+[Z]キー押すとすぐにもとに戻すことが可能です。

Chapter **2**

# インターネットや
# メールを使ってみよう

# Webブラウザを起動しよう

- ▶ Webブラウザ
- ▶ Microsoft Edge

Windows 11に標準で搭載されているWebブラウザ「Microsoft Edge」を使って、インターネットを利用してみましょう。ここでは、Microsoft Edgeを起動/終了する方法と、画面構成について解説します。

##  Microsoft Edge を起動する

### 1 　をクリックする

タスクバーの　をクリックします。

クリックする

### 2 Microsoft Edge が起動する

Microsoft Edgeが起動します。

##  Microsoft Edge を終了する

### 1 ×をクリックする

Microsoft Edgeの右上にある×をクリックします。

クリックする

### 2 すべてのタブを閉じる

複数のタブを開いている場合（P.034参照）は、「すべてのタブを閉じますか?」と表示されるので、<すべて閉じる>をクリックすると、Microsoft Edgeが終了します。

クリックする

　はみだし100%　Windows 11では、Internet Explorerを利用することができません。標準のWebブラウザはMicrosoft Edgeのみになっています（2021年10月時点）。

# Microsoft Edge の画面構成

| ❶ タブ | 開いているWebページのタブが表示されます。クリックすることで、アクティブなWebページを切り替えられます。 |
|---|---|
| ❷ 新規タブ | 新しいタブが開きます。 |
| ❸ 戻る | 1つ前のWebページに戻ります。 |
| ❹ 進む | 戻る前のWebページに進みます。 |
| ❺ 更新 | 表示しているWebページを最新の情報に更新します。 |
| ❻ ホーム | Microsoft Edgeを起動したときに表示される「スタートページ」（ホームページ）が表示されます。初期状態では表示されていない場合もあります（P.033参照）。 |
| ❼ アドレスバー | 表示しているWebページのURLが表示されます。URLを入力してWebページを表示できるほか、キーワードを入力してWebページを検索することもできます。 |
| ❽ イマーシブリーダー | 広告など不要な情報を排除し、画像とテキストのみを表示することで、Webページを読みやすくします（P.031参照）。音声での読み上げにも対応しています。なお、Webページによってはアイコンが表示されない場合もあります。 |
| ❾ お気に入りに追加 | Webページをお気に入り（P.036参照）に追加できます。 |
| ❿ お気に入り | お気に入りの一覧を表示します。フォルダーの追加やお気に入りの検索など、お気に入りに関する操作が行えます。 |
| ⓫ コレクション | Webページのほか、Webページ内の文章や画像を保存したり、メモを付けたりすることができます。 |
| ⓬ アカウント | アカウントに関する各種設定が行えます。 |
| ⓭ ツール | Webページを印刷したり、設定したりすることができます。 |

はみだし
100%
ツールバーに表示されるアイコンは、⓭のツールから＜設定＞→＜外観＞の順にクリックし、「ツールバーのカスタマイズ」から設定できます。アイコンの表示／非表示もここで切り替えられます。

# Webページを閲覧しよう

▶ Webページ
▶ 閲覧

Webブラウザの画面構成を覚えたら、さっそくWebページを閲覧してみましょう。Webページを拡大／縮小したり、Webページ間を移動したりする方法のほか、読みやすい表示に変える「イマーシブリーダー」機能についても紹介します。

##  Web ページを閲覧する

### 1 Web ページを表示する

Microsoft Edgeを起動し、アドレスバーにURLを入力して❶、Enter キーを押します❷。

### 2 Web ページをスクロールする

入力したURLのWebページが表示されます。マウスのホイールを手前に回すと、Webページが下方向にスクロールします。

### 3 Web ページを拡大する

画面右上の … をクリックし❶、「ズーム」の＋をクリックすると❷、Webページが拡大します。

### 4 Web ページを縮小する

「ズーム」の一をクリックすると、Webページが縮小します。

**はみだし 100%** 手順③の画面で＜ページ内の検索＞をクリックし、表示される入力欄にキーワードを入力すると、表示しているWebページ内の検索ができます。

# Web ページを移動する

## 1 リンクをクリックする

別のWebページに移動するには、Webページ内のリンクをクリックします。

## 2 Web ページが切り替わる

リンク先のWebページが表示されます。1つ前のWebページに戻るには、←をクリックします。

## 3 前の Web ページに戻る

直前に表示されていたWebページに戻ります。1つ先のWebページに進むには、→をクリックします。

## 4 Web ページが進む

Webページが進んで、手順2の画面が表示されます。

# イマーシブリーダーで Web ページを閲覧する

## 1 🕮をクリックする

テキストだけの表示にして読みたい場合は、Webページを表示して、🕮をクリックします（🕮が表示されていない場合は利用できません）。

## 2 イマーシブリーダーで表示される

Webページがイマーシブリーダーで表示されます。もとの表示に戻すには、🕮をクリックします。

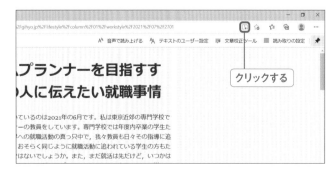

**はみだし 100%** Webページを表示した状態で画面左上の◯をクリックするか F5 キーを押すと、Webページの表示を更新することができます。

# Webページを検索しよう

▶ 検索
▶ ホームページ

アドレスバーにキーワードを入力して検索すると、キーワードに関連するWebページにすばやくアクセスすることができます。また、検索などでよく使うWebページをホームページとして設定すると、ホームボタンをクリックした際にすぐに表示できるようになります。

## キーワードで検索する

### 1 アドレスバーをクリックする

Microsoft Edgeを起動し、アドレスバーをクリックします。

### 2 キーワードを入力する

検索したいキーワードを入力し❶、Enter キーを押します❷。なお、表示される検索候補をクリックして検索することもできます。

### 3 リンクをクリックする

検索キーワードに関連するWebページが一覧表示されます。閲覧したいWebページのリンクをクリックします。

### 4 Webページが表示される

クリックしたWebページが表示されます。

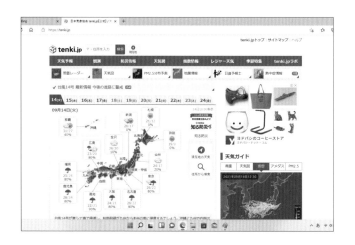

はみだし
100%
標準の検索エンジンは「Bing」です。…→＜設定＞→＜プライバシー、検索、サービス＞の順にクリックし、「サービス」の＜アドレスバーと検索＞をクリックして、「アドレスバーで使用する検索エンジン」から変更できます。

# ホームページを設定する

## 1 URLをコピーする

ホームページに設定したいWebページを表示します。アドレスバーに表示されているURLを選択して右クリックし❶、<コピー>をクリックします❷。

## 2 …をクリックする

画面右上の…をクリックし❶、<設定>をクリックします❷。

## 3 「設定」画面が表示される

「設定」画面が表示されます。<[スタート]、[ホーム]、および[新規]タブ>をクリックします。

## 4 [ホーム]ボタンを設定する

「[ホーム]ボタン」の「ツールバーに[ホーム]ボタンを表示」がオフになっている場合はオンにして❶、「URLを入力してください」のラジオボタンをクリックします❷。

## 5 URLを貼り付ける

<URLを入力してください>を右クリックし、<貼り付け>をクリックしてコピーしたURLを貼り付け❶、<保存>をクリックすると❷、ホームページの設定が完了します。

## 6 ⌂をクリックする

⌂をクリックすると、設定したホームページが表示されます。

はみだし
100% Microsoft Edgeの起動時に表示されるホームページは、手順4の画面で、「Microsoft Edgeの起動時」の<これらのページを開く>をクリックし、<新しいページを追加してください>をクリックしてURLを入力すると設定できます。

# タブを使って効率よく Webページを閲覧しよう

- ▶ Webページ
- ▶ タブ

2つ以上のWebページを同時に閲覧したいときは、新しいタブを開きましょう。タブをクリックするだけで、複数のWebページをすばやく切り替えることができます。Webページ上のリンクを新しいタブで開くこともできます。

## 新しいタブを開く

### 1 ＋をクリックする

Microsoft Edgeを起動し、タブの右側の＋をクリックします。

### 2 もう1つ新しいタブが開く

新しいタブが追加され、新しいタブに切り替わります。

## リンク先の Web ページを新しいタブで開く

### 1 リンクを右クリックする

新しいタブで開きたいWebページ上のリンクを右クリックし❶、＜リンクを新しいタブで開く＞をクリックします❷。

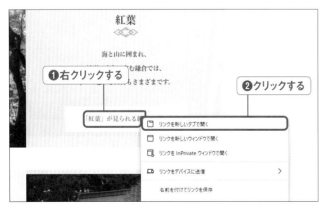

### 2 タブが追加される

リンク先のWebページが新しいタブとして追加されるので、タブをクリックして開きます。

**はみだし 100%** タブを右クリックし、＜タブのピン留め＞をクリックすると、タブがMicrosoft Edgeに保存されます。Microsoft Edge を終了し、再度起動したときにも残っているので、よく見るWebページをピン留めしておくと便利です。

## タブを切り替える

### 1 タブを選択する

アクティブなタブ以外のタブをクリックします。

### 2 Webページが切り替わる

クリックしたタブのWebページに切り替わります。

## 個別にタブを閉じる

### 1 ✕をクリックする

閉じたいタブの✕をクリックします。

### 2 タブが閉じる

クリックしたタブが閉じます。

## タブを復元する

### 1 <閉じたタブを再度開く>をクリックする

閉じたタブを復元するには、タブ上で右クリックし❶、表示されたメニューから<閉じたタブを再度開く>をクリックします❷。

### 2 タブが復元される

閉じたタブが復元されます。

はみだし100% 複数のタブが表示された状態でタブをウィンドウの外にドラッグすると、タブを分離して新しいウィンドウで表示することができます。分離されたウィンドウのタブをもとのウィンドウのタブ部分にドラッグすると、タブがもとに戻ります。

# よく閲覧するWebページを 「お気に入り」に登録しよう

- ▶ お気に入り
- ▶ お気に入りバー

よく閲覧するWebページは、「お気に入り」に登録しておくと便利です。キーワード検索やアドレス入力をしなくても、お気に入りのWebページをクリックするだけで、すばやくWebページを開くことができるようになります。

## Web ページをお気に入りに登録する

### 1 ☆をクリックする

Microsoft Edgeを起動し、お気に入りに登録したいWebページを開き、画面右上の☆をクリックします。

### 2 ＜完了＞をクリックする

任意の名前を入力し❶、＜完了＞をクリックします❷。

### 3 お気に入りに追加される

Webページがお気に入りに追加され、☆が★になります。

### 📝 COLUMN

## 保存先のフォルダーを作成する

手順2で＜詳細＞をクリックし、＜新しいフォルダー＞をクリックすると❶、お気に入りを分類するフォルダーを作成できます。フォルダー名を入力し❷、＜保存＞をクリックします❸。

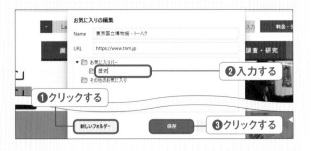

はみだし100%　上記COLUMNの方法でフォルダーを作成すると、以後は手順2の画面で、「フォルダー」のプルダウンメニューからフォルダーを選択できるようになります。

# お気に入りから Web ページにアクセスする

## 1 ⑆をクリックする

画面右上の⑆をクリックします。

## 2 ＜お気に入りバー＞をクリックする

＜お気に入りバー ＞をクリックします。

## 3 お気に入りの Web ページをクリックする

お気に入りが表示されます。開きたいWebページをクリックします。

## 4 Web ページが表示される

お気に入りのWebページが表示されます。

---

📝 COLUMN

### 「お気に入りバー」 を利用する

お気に入りバーは、アドレスバーの下に表示されるバーのことです。手順②の画面で…をクリックし、＜お気に入りバーの表示＞→＜常に表示＞→＜完了＞の順にクリックすることで、お気に入りバーが表示されます。また、お気に入りバーにお気に入りを追加するには、P.036手順②の「フォルダー」で＜お気に入りバー＞を選択し、＜完了＞をクリックします。

---

はみだし
100%
お気に入りに登録したWebページを削除するには、手順③の画面でお気に入りから削除したいWebページを右クリックし、＜削除＞をクリックします。

# メールアカウントを設定しよう

▶ メール
▶ アカウント設定

Windows 11に標準で搭載されている<メール>アプリを使えば、Outlook.comのメールをすぐに利用できます。Outlook.comは、マイクロソフトが提供している個人用の無料メールサービスです。<メール>アプリでは、そのほかのメールサービスを利用することもできます。

##  メールの画面構成

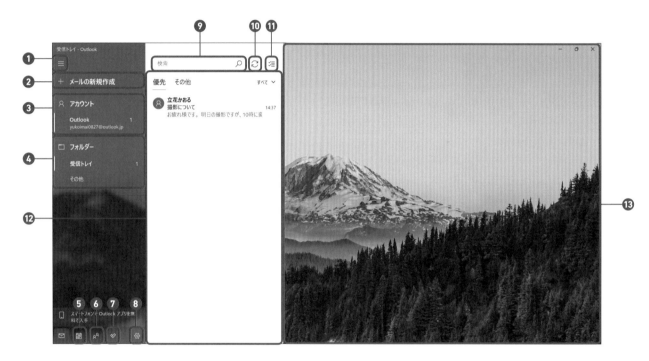

| ❶ メニュー | アカウント／フォルダーの一覧を折りたためます。 |
|---|---|
| ❷ 新規メール | 新規メールを作成することができます。 |
| ❸ アカウント | 登録されているすべてのアカウントが表示されます。 |
| ❹ フォルダー | 「受信トレイ」や「アーカイブ」などのメールフォルダーが表示されます。<その他>をクリックするとすべてのフォルダーが表示されます。 |
| ❺ カレンダー | <カレンダー>アプリが表示されます。 |
| ❻ People | <People>アプリが表示されます。 |
| ❼ To Do | <Microsoft To Do>が表示されます。 |
| ❽ 設定 | 設定メニューが表示されます。 |
| ❾ 検索 | メールを検索することができます。 |
| ❿ 同期 | 最新の状態に更新することができます。 |
| ⓫ 選択 | チェックボックスが表示され、メールを選択することができます。 |
| ⓬ メッセージ一覧 | 選択中のフォルダー内のメールが表示されます。 |
| ⓭ 閲覧ウィンドウ | 選択中のメール内容や作成中のメール内容が表示されます。 |

**はみだし100%** <メール>アプリでは、複数のメールアカウントを使うことができます。普段使用しているプロバイダーメールのほか、GmailやiCloudメール、Webメールなども登録可能です。

# メールアカウントを設定する

## 1 ✉をクリックする

タスクバーもしくはスタートメニューで✉をクリックして、＜メール＞アプリを起動します。

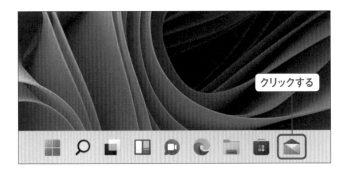

## 2 アカウントを追加する

Microsoftアカウントを使用している場合は、アカウントが表示されます。プロバイダーメールなどを追加する場合は、☰→＜アカウント＞の順にクリックし❶、＜アカウントの追加＞をクリックします❷。

## 3 メールサービスを選択する

メールサービスを選択します。ここではプロバイダーメールを設定するため、＜詳細設定＞をクリックします。

## 4 アカウントの種類を選択する

アカウントの種類を選択します。ここでは、＜インターネットメール＞をクリックします。

## 5 アカウント情報を入力する

アカウント情報を入力し❶、＜サインイン＞をクリックします❷。

## 6 設定を完了する

＜完了＞をクリックすると、設定が完了します。

はみだし 100%　パソコンにMicrosoftアカウントを設定（P.094参照）していると、自動的に＜メール＞アプリにMicrosoftアカウントで取得したメールのアカウントが設定されます。ほかのアカウントを利用するときは、アカウントの設定を行いましょう。

# メールを作成／送信しよう

▶ 作成
▶ 送信

メールアカウントを設定したら、メールを作成／送信してみましょう。CCやBCCを利用して複数人に送信したり、ファイルや画像を添付したりすることができます。送信したメールは、「送信済み」フォルダーから確認することができます。

## メールを作成／送信する

### 1　<メール>アプリを起動する

タスクバーもしくはスタートメニューで📧をクリックします。

### 2　メールを作成する

<メール>アプリが起動します。画面左上の<メールの新規作成>をクリックします。

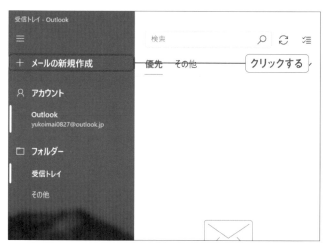

### 3　メールを送信する

CCやBCCで送信したい場合は、<CCとBCC>をクリックして指定します。「宛先」、「件名」、「本文」を入力し❶、<送信>をクリックします❷。

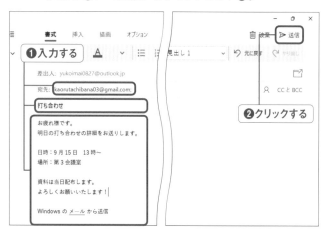

### 4　メールの送信が完了する

メールが送信され、メールの作成画面が閉じます。

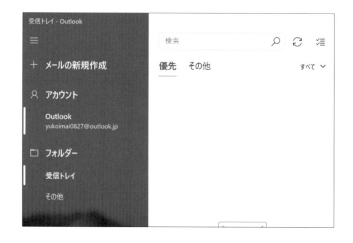

**はみだし 100%** 作成途中のメールは、自動的に下書きに保存されます。手順2の画面で<その他>→<下書き>の順にクリックすると下書きが表示されるので、誤って<メール>アプリを閉じてしまっても、続きから作成できます。

# 送信済みメールを確認する

## 1 フォルダーを開く

<メール>アプリを起動し、<その他>をクリックします。

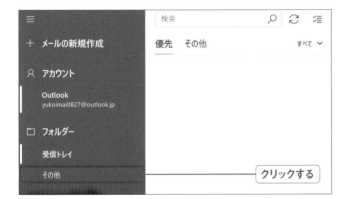

## 2 <送信済み>をクリックする

すべてのフォルダーが表示されます。<送信済み>をクリックします。

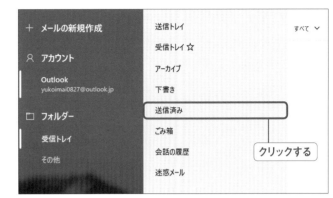

## 3 メールをクリックする

送信済みのメールが表示されます。確認したいメールをクリックします。

## 4 内容が表示される

クリックしたメールの内容が確認できます。再度メールをクリックすると、メールの内容が閉じます。

---

### 📝 COLUMN

## メールにファイルを添付する

メールには、写真などのファイルを添付することができます。P.040手順③の画面で<挿入>をクリックし❶、<ファイル>をクリックすると❷、ダイアログボックスが開くので、添付ファイルを指定します。なお、ここで<表>や<画像>をクリックすると、メール本文の中に表や画像を挿入することができます。

---

メールで写真などを添付して送信する場合、ファイルのサイズに注意してください。プロバイダーによっては1通あたりのメールサイズの制限があるので、一度にたくさんのファイルを添付するとエラーで送信できないことがあります。

# メールを受信／返信しよう

 受信

 返信

受信したメールは、「受信トレイ」で確認することができます。受信トレイで目的のメールをクリックすると、画面右側に内容が表示されます。受信したメールに返信したり、受信したメールを転送することもできます。

## 受信メールを確認する

### 1 受信トレイを開く

＜メール＞アプリを起動すると、受信トレイが表示されます。確認したいメールをクリックします。

クリックする

### 2 メールの内容を確認する

メールの内容が、画面右側の閲覧ウィンドウに表示されます。

メールの内容が表示される

### 3 受信トレイを更新する

新しいメールが届いているか確認するには、受信トレイの上にある⟳をクリックします。

クリックする

### 4 受信トレイが更新される

新しいメールが届いている場合は、受信トレイの上部にメールが表示されます。

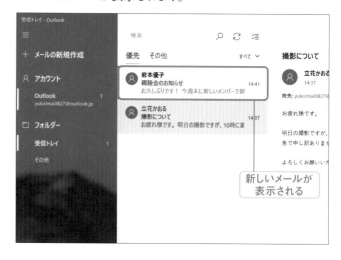

新しいメールが表示される

**はみだし 100%** メールを受信すると、「受信トレイ」の右横に未読数が表示されます。読んだメールを未読にしたいときは、受信トレイから未読にしたいメッセージを右クリックし、＜未読にする＞をクリックします。

# 受信メールに返信する

## 1 メールをクリックする

受信トレイを表示して、返信したいメールをクリックします。

## 2 <返信>をクリックする

<返信>もしくは<全員に返信>をクリックします。「全員に返信」では、CCの宛先にも送信されます。

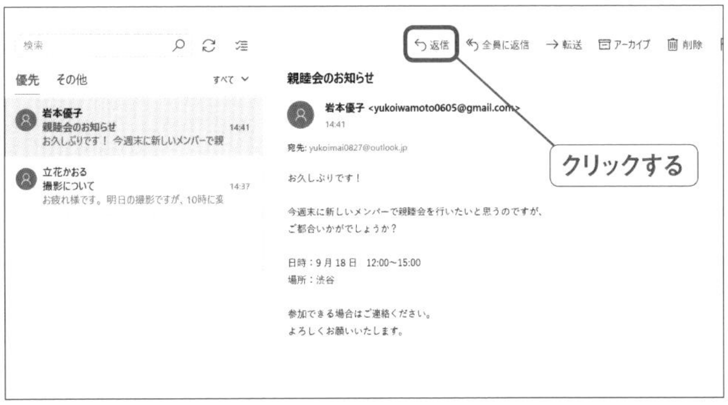


## 3 返信メールを作成する

返信メッセージを入力して❶、<送信>をクリックします❷。

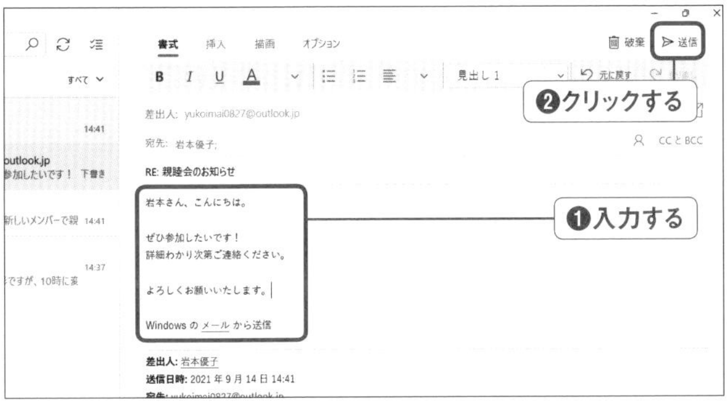


## 4 返信メールが送信される

返信メールが送信され、返信済みを示す↩が、メールの右上に表示されます。

# メールを転送する

## 1 <転送>をクリックする

転送したい受信メールを表示し、<転送>をクリックします。

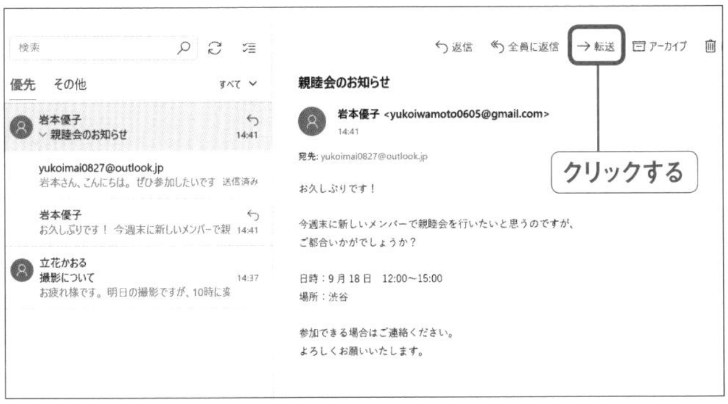


## 2 宛先を入力する

転送画面が開きます。「宛先」にメールアドレスを入力し❶、<送信>をクリックします❷。

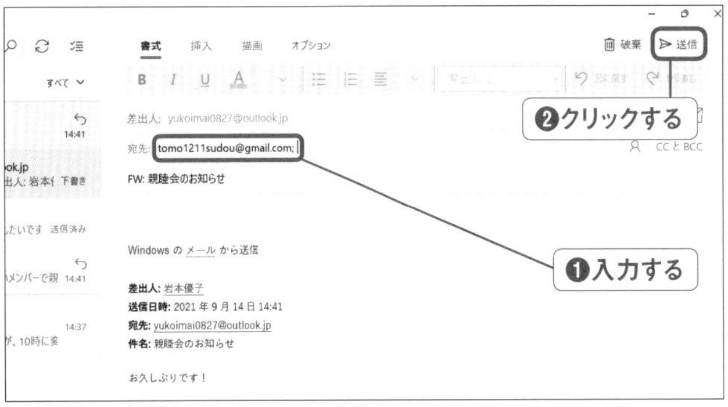


**はみだし100%** 返信したメールの件名の冒頭には「RE:」が、転送したメールの件名の冒頭には「FW:」が付加されます。これらは、それぞれ返信／転送したことがわかる目印のようなものです。

# メールの署名を変更しよう

 署名
 設定

＜メール＞アプリで新規メールを作成すると、メールの最後に「Windowsのメールから送信」という署名が挿入されます。この署名は自由に変更することができるので、あらかじめ自分の名前や連絡先などを設定しておくとよいでしょう。

## メールの署名を変更する

### 1 ⚙をクリックする

＜メール＞アプリを起動し、⚙をクリックします。

### 2 ＜署名＞をクリックする

「設定」メニューが表示されます。＜署名＞をクリックします。

### 3 署名を入力する

署名の入力欄に、設定したい署名を入力し❶、＜保存＞もしくは✓をクリックします❷。

### 4 署名を確認する

＜メールの新規作成＞をクリックして新規メール作成画面を表示すると、署名が変更されたことが確認できます。

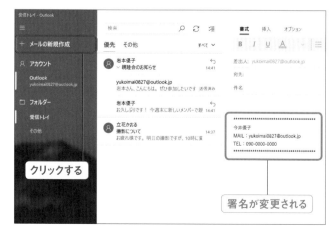

はみだし 100% 署名の内容は、名前やメールアドレス、電話番号などのシンプルなもので十分です。なお、署名を表示させたくない場合は、手順3の画面で、「電子メールの署名を使用する」をオフにしておきましょう。

Chapter **3**

# チャットやビデオ通話を楽しもう

# チャットやビデオ通話をしよう

▶ チャット
▶ ビデオ通話

Windows 11では「チャット」機能がOSに組み込まれ、タスクバーに表示されるようになりました。アイコンをワンクリックするだけですばやくコミュニケーションを取ることができます。ここではチャットでできることや、利用開始の手順について見ていきましょう。

## Windows 11 のチャットでできること

Windows 11で搭載された「チャット」は、Microsoft Teamsのチャット機能がOSに統合されたもので、利用にはMicrosoftアカウント（P.094参照）が必要です。チャットアイコンはタスクバーに表示されており、クリックするだけでチャットを起動できるので、すばやくコミュニケーションを取ることができます。テキストベースでのやり取りはもちろん、ファイルを添付したり、ビデオ通話をしたりすることもできます。1対1だけでなく、複数のユーザーとやり取りすることができるので、友だちどうしの会話だけでなく、同じ部署やプロジェクトごとなど、共通の作業を進める際にも便利です。

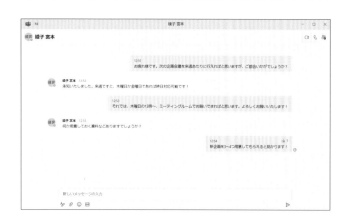

## チャットの利用を開始する

### 1 チャットを起動する

タスクバーで🗨をクリックするか、⊞＋Ｃキーを押してチャットを起動します。

クリックする

### 2 ＜使い始める＞をクリックする

＜使い始める＞をクリックします。

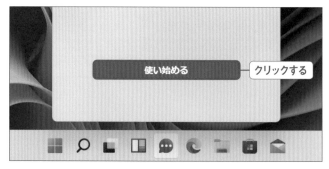

使い始める　クリックする

**はみだし 100%**　すでにMicrosoftアカウントが設定されている場合は、手順②のあとに＜始めましょう＞をクリックするだけで、チャットを始めることができます。Microsoftアカウントの作成方法はP.094を参照してください。

## 3 サインインする

「Teamsへようこそ」画面が表示されるので、＜サインイン＞をクリックします。

## 4 メールアドレスを入力する

Microsoftアカウント（P.094参照）のメールアドレスを入力し❶、＜次へ＞をクリックします❷。

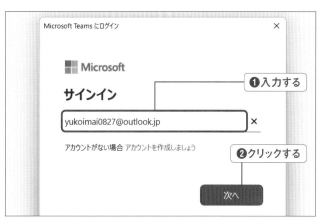

## 5 パスワードを入力する

パスワードを入力し❶、＜サインイン＞をクリックします❷。

## 6 ＜次へ＞をクリックする

Microsoftアカウントの使用に関する画面が表示されたら、＜次へ＞をクリックします。

## 7 チャットの設定をする

チャットで利用する名前を入力し❶、＜始めましょう＞をクリックします❷。

## 8 チャットが利用できるようになる

Microsoft Teamsの画面が表示され、チャットが利用できるようになります。✕をクリックしてアプリを終了します。

---

**はみだし100%** 手順⑧で表示されるのはMicrosoft Teamsの画面です。「チャット」を起動したあとにMicrosoft Teamsが起動することがあるので、その場合は上記のように終了してください。

# チャットで会話しよう

チャットの設定が終わったら、ほかのユーザーと会話してみましょう。メッセージはチャット形式で表示されます。個人間でのやり取りだけでなく、複数のユーザーとチャットすることもできるので、同じ要件を伝えたいときに便利です。

## 1 対 1 でチャットする

### 1 チャットを開く

タスクバーで 🗨 をクリックするか、🪟＋C キーを押してチャットを起動し、＜チャット＞をクリックします。

### 2 宛先欄をクリックする

＜新規作成：名前、メール、または電話番号を入力＞をクリックします。

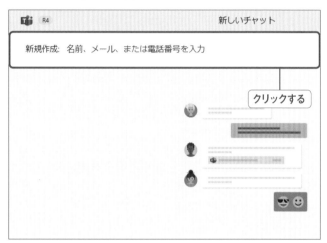

----

### 3 宛先を入力する

チャットしたい相手の名前やメールアドレスなどを入力し❶、候補をクリックします❷。

### 4 メッセージ入力欄をクリックする

＜新しいメッセージの入力＞をクリックします。

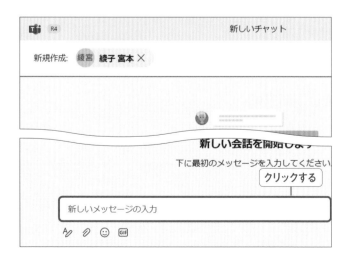

**はみだし 100%**　手順 4 の画面で、メッセージ入力欄の下部に表示されている 🖉 をクリックし、＜コンピューターからアップロード＞をクリックすると、パソコン内のファイルを添付することができます。

## 5　メッセージを入力する

メッセージを入力し❶、▷をクリックするか❷、[Enter] キーを押します。

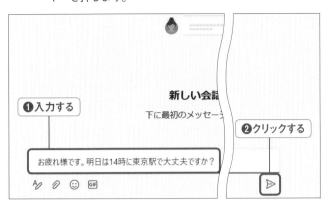

- ❶入力する
- ❷クリックする

## 6　メッセージが送信される

メッセージが送信されます。自分が送信したメッセージは右側に表示されます。

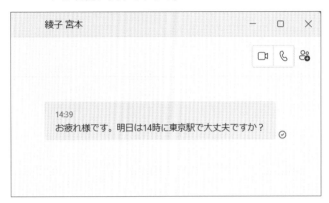

# 複数のユーザーとチャットする

## 1　宛先を入力する

P.048手順4の画面で、宛先欄にユーザーを入力し❶、候補をクリックします❷。

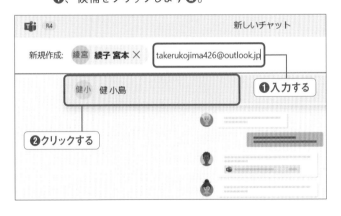

- ❶入力する
- ❷クリックする

## 2　メッセージを入力する

メッセージ入力欄をクリックしてメッセージを入力し❶、▷をクリックするか❷、[Enter] キーを押します。

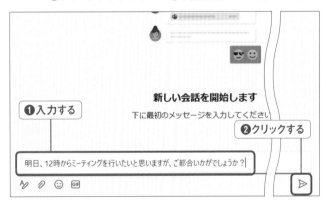

- ❶入力する
- ❷クリックする

## 3　メッセージが送信される

複数のユーザーにメッセージが送信されます。

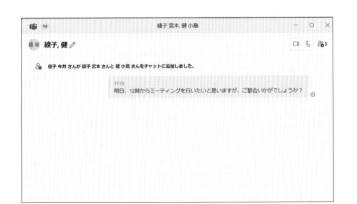

### 📝 COLUMN

## ユーザーを追加する

手順3の画面で、右上の👥をクリックし❶、＜ユーザーの追加＞をクリックすることでも❷、ユーザーを追加できます。

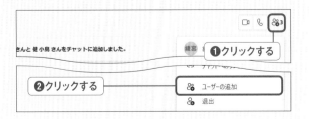

- ❶クリックする
- ❷クリックする

---

**はみだし 100%**　メッセージを送信すると、メッセージの右下に✅が表示され、相手がメッセージを読むと👁に変わります。複数人とやり取りしている場合は、全員がメッセージを読むと👁に変わります。

# 送られてきたチャットのメッセージに返答しよう

- ▶ チャット
- ▶ 返信

メッセージが届くと、画面右下に通知が表示され、ここからすばやく返信することができます。また、チャットを開いて返信することも可能です。メッセージにはリアクションを付けることもできるので、読んだことを伝えたいときに活用するとよいでしょう。

## 通知から返信する

### 1 メッセージを入力する

メッセージが届くと画面右下に通知が表示されるので、<クイック返信を送信>をクリックします。

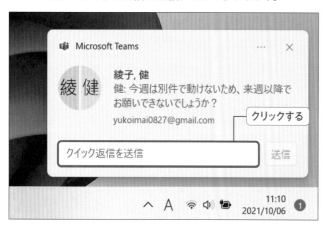

### 2 <送信>をクリックする

メッセージを入力し❶、<送信>をクリックすると❷、メッセージに返信できます。

## チャットを開いて返信する

### 1 チャットを開く

タスクバーで🗨をクリックするか、⊞＋Cキーを押してチャットを起動します。

### 2 メッセージを選択する

届いたメッセージをクリックします。

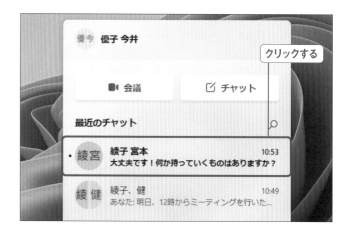

はみだし100%　やり取りしたことがない相手からメッセージが届いた場合、メッセージを許可するかどうかの画面が表示されます。やり取りしてもよい相手であれば<許可>をクリックすると、メッセージが受信されます。

## 3 メッセージ画面が開く

メッセージ画面が開き、届いたメッセージを確認できます。返信したいメッセージにマウスポインターを合わせます。

## 4 …をクリックする

…をクリックします。

## 5 ＜返信＞をクリックする

＜返信＞をクリックします。

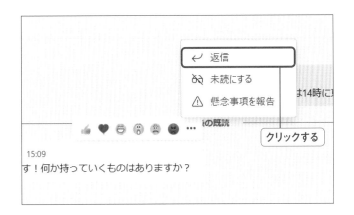

## 6 メッセージを入力する

返信するメッセージが入力欄に挿入されます。メッセージを入力し❶、▷をクリックするか❷、 Enter キーを押します。

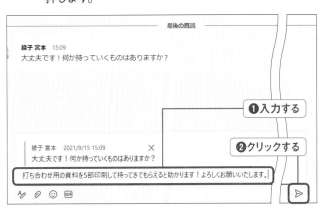

## 7 メッセージに返信される

メッセージに返信されます。

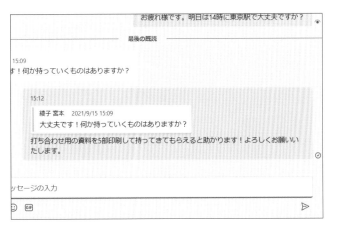

### 📝 COLUMN

## 返信したメッセージをハイライト表示にする

手順7の画面で、メッセージ内に挿入されている返信メッセージをクリックすると、該当メッセージがハイライト表示されます。前後の内容を確認できるので、メッセージが埋もれてしまう心配もありません。

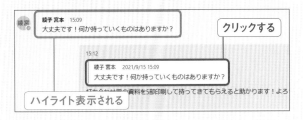

 **はみだし 100%** メッセージにマウスポインターを合わせると手順4の画面のように6種類のアイコンが表示され、クリックするとリアクションを付けることができます。付けたリアクションを消したいときは、同じアイコンをクリックします。

# ビデオ通話をしよう

- ▶ ビデオ通話
- ▶ 背景

顔を見て話したいときは、ビデオ通話を利用しましょう。1対1での通話はもちろん、複数のユーザーとの通話も可能です。また、背景にぼかし効果を適用することもできるので、プライバシーを守りたいときに適用すると安心して利用できます。

## 1対1でビデオ通話をする

### 1 チャットをクリックする

ビデオ通話したいユーザーのチャットをクリックします。

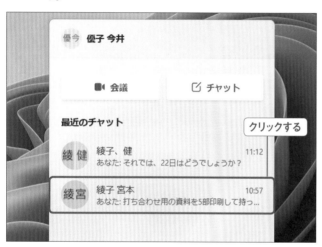

### 2 □をクリックする

画面右上の□をクリックします。

### 3 ビデオ通話が開始される

相手が応答するとビデオ通話が開始されます。初期状態ではカメラはオフになっており、■をクリックすると自分の顔が右下に表示されます。

### 📝 COLUMN

## ビデオ会議を開催する

手順[1]の画面で＜会議＞をクリックし、＜今すぐ参加＞をクリックすると、ビデオ会議を開催することができます。P.054を参考にメンバーを招待しましょう。

はみだし
100%　手順[3]の画面で、■をクリックするとビデオをオフに、■をクリックするとマイクをオフにできます。なお、手順[2]の画面で☎をクリックすると、音声のみで通話することができます。

# ビデオ通話中に背景を変更する

## 1 ∷をクリックする

ビデオ通話中に、∷をクリックします。

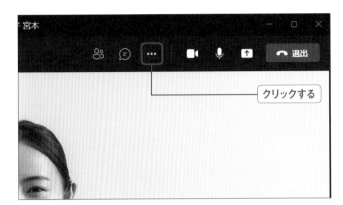

## 2 ＜背景効果を適用する＞をクリックする

＜背景効果を適用する＞をクリックします。

## 3 背景効果を選択する

右側に「背景の設定」が表示されるので、＜ぼかし＞をクリックします。

## 4 プレビューで確認する

＜プレビュー＞をクリックします。プレビュー中は自分のビデオがオフになります。

## 5 ビデオをオンにする

＜適用してビデオをオンにする＞をクリックします。＜プレビューの停止＞をクリックすると、手順4の画面に戻ります。

## 6 背景が適用される

「背景の設定」の⊠をクリックすると、設定が完了します。

---

**はみだし 100%** 背景効果は、本書執筆時点（2021年10月時点）では「ぼかし」のみとなっていますが、今後増えていく可能性もあります。背景効果を適用する際は、上記の方法を参考にしてみてください。

# ビデオ会議にメンバーを招待しよう

▶ ビデオ会議
▶ 招待

複数人が参加できるビデオ会議を開催してメンバーを招待してみましょう。ここでは、ビデオ会議中にメンバーを検索して招待する方法を紹介しています。会議のリンクをメールなどで共有すれば、相手がMicrosoftアカウントを持っていなくても参加することができます。

## ビデオ会議を開催してメンバーを招待する

### 1 👥をクリックする

P.052のCOLUMNを参考にビデオ会議を開催し、👥をクリックします。

### 2 入力欄をクリックする

＜名前、メール、または電話番号を入力＞をクリックします。

### 3 メールアドレスを入力する

招待したいユーザーの名前またはメールアドレスを入力し❶、表示される候補からクリックします❷。

### 4 相手が画面に表示される

相手が応答すると画面に表示されます。

**はみだし 100%**　手順2の画面で＜招待を共有＞をクリックすると、招待のポップアップが開きます。＜会議のリンクをコピー＞をクリックし、リンクをメールなどに貼り付けて招待することもできます。

# 招待されたビデオ会議に参加しよう

▶ ビデオ会議
▶ 参加

ビデオ会議への招待が届いたら、承諾して会議に参加しましょう。画面右下に通知が表示されるため、見逃す心配もありません。なお、一定時間が経つと通知が消えてしまうため、通知が来たらすぐに承諾しましょう。

## 招待されたビデオ会議に参加する

### 1 ＜承諾＞をクリックする

ビデオ会議に招待されると、右下に通知が表示されるので、＜承諾＞をクリックします。

### 2 カメラやマイクを設定する

カメラやマイクを設定し❶、＜今すぐ参加＞をクリックします❷。

### 3 会議に参加できる

会議に参加することができます。

### 📝 COLUMN

#### 着信に応じる

招待ではなく着信があった場合は、下の画面のように表示されます。🎥をクリックするとビデオ通話、📞をクリックすると音声通話ができ、📵をクリックすると着信を拒否できます。

はみだし100%　ビデオ会議のリンクがメールで送られてきた場合は、メール内のリンクをクリックすると、手順②の画面が表示され、＜今すぐ参加＞をクリックすると、ビデオ会議に参加することができます。

055

- ▶ ビデオ会議
- ▶ 画面共有

# 画面を共有しよう

ビデオ会議中に自分の画面を共有したいときは、画面共有機能を利用しましょう。同じ画面を見ながら話し合うことができるので、言葉や文字だけでは伝えにくい内容の共有に役立ちます。画面全体と特定のウィンドウ画面を共有する方法があります。

## 画面全体を共有する

### 1 ⬆をクリックする

ビデオ会議中に、⬆をクリックします。

クリックする

### 2 ＜画面＞をクリックする

「コンテンツを共有」から＜画面＞をクリックします。

クリックする

### 3 画面全体が共有される

画面全体が共有されます。赤枠部分が相手の画面に表示されている範囲です。メニューを表示するには、タスクバーのMicrosoft Teamsのアイコンをクリックします。

クリックする

### 4 画面共有を停止する

ビデオ会議の画面が表示されるので、⊠をクリックすると画面共有が停止します。

クリックする

**はみだし 100%** 画面共有はビデオ会議に参加しているメンバー1人だけが行えます。自分の画面を共有中に、ほかのメンバーが画面共有を開始すると、手順4の操作をしなくても、自分の画面共有が終了します。

# 特定のウィンドウ画面を共有する

## 1 ⬆をクリックする

ビデオ会議中に、⬆をクリックします。

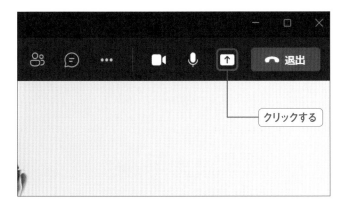

## 2 <ウィンドウ>をクリックする

「コンテンツを共有」から<ウィンドウ>をクリックします。

## 3 共有ウィンドウを選択する

現在開いているウィンドウが表示されるので、共有したいウィンドウをクリックします。

## 4 ウィンドウが共有される

選択したウィンドウが共有されます。

---

### 📝 COLUMN

## ビューの表示を変える

画面が共有されると、左側に共有された画面が、右側に参加者が表示されます。共有された画面を大きく表示させたいときは、•••をクリックし❶、<フォーカス>をクリックしてチェックを付けましょう❷。参加者の顔は表示されず、自分の顔は右下に表示されます。

---

COLUMNの画面で、<ギャラリーを上部に表示>をクリックしてチェックを付けると、上部に参加者が、下部に共有画面が表示されます。相手の顔も見ながら話したいときに便利です。

# ビデオ会議を終了しよう

▶ ビデオ会議

▶ 終了

会議が終わったら、画面右上の「退出」ボタンをクリックしてビデオ会議を終了しましょう。ビデオ会議の主催者の場合は、会議はそのままで自分のみ退出するか、会議自体を終了するか（メンバー全員を退出させる）を選択することができます。

## ビデオ会議を終了する

### 1 ✓をクリックする

ビデオ会議中に、画面右上の✓をクリックします。

クリックする

### 2 ビデオ会議を終了する

＜会議を終了＞をクリックします。

退出

会議を終了

クリックする

### 3 ＜終了＞をクリックする

「会議を終了しますか?」と表示されるので、＜終了＞をクリックします。

会議を終了しますか?
すべてのユーザーの会議を終了します。

キャンセル　　終了

クリックする

### 4 デスクトップ画面が表示される

ビデオ会議が終了し、デスクトップ画面が表示されます。

**はみだし 100%** 手順2の画面で＜退出＞をクリックすると、会議は継続され、自分だけが退出する形になります。なお、着信を受けて応答した場合や、会議に招待されて参加した場合は、「退出」しか表示されません。

Chapter **4**

# Windows 11を 使いこなしてみよう

# アプリをインストールしよう

▶ Microsoft Store
▶ インストール

<Microsoft Store>アプリにはさまざまなアプリが豊富に用意されています。アプリをインストールして、Windows 11をさらに便利に活用しましょう。キーワード検索できるので、必要なアプリをすばやく見つけることができます。

## Microsoft Store からアプリを探す

### 1 Microsoft Store を起動する

タスクバーで ▦ をクリックします。

### 2 キーワードを入力する

<Microsoft Store>アプリが起動したら、上部の検索欄をクリックしてキーワードを入力し❶、 🔍 をクリックします❷。

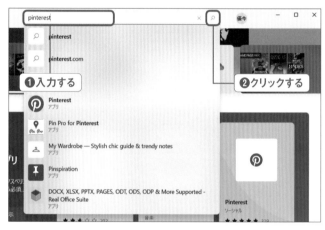

### 3 検索結果が表示される

キーワードに関連するアプリが一覧表示されます。アプリを選んでクリックします。

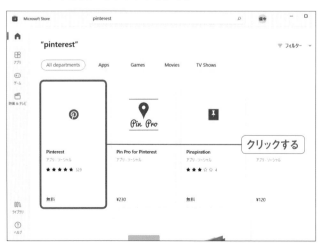

### 4 詳細が表示される

クリックしたアプリの詳細が表示されます。

**はみだし 100%** <Microsoft Store>アプリを起動すると、左側に「ホーム」「アプリ」「ゲーム」「映画＆テレビ」の4つのカテゴリが表示されます。ここをクリックしてアプリを探すこともできます。

# Microsoft Store からアプリをインストールする

## 1 ＜無料＞をクリックする

P.060手順4の画面で＜無料＞をクリックすると、アプリがインストールされます。なお、有料アプリの場合は価格をクリックし、Microsoftアカウントでサインインして進みます。

## 2 アプリが追加される

スタートメニューを開き、＜すべてのアプリ＞をクリックすると、アプリが追加されていることを確認できます。クリックして起動できます。

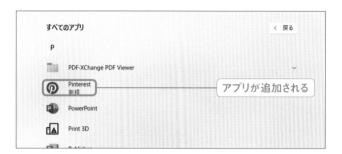

# Microsoft Store のアプリをアンインストールする

## 1 スタートメニューを開く

タスクバーの■をクリックするか、■キーを押してスタートメニューを開きます。

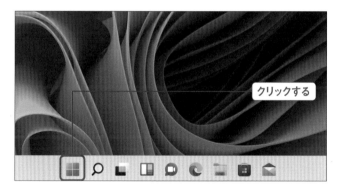

## 2 アプリを右クリックする

＜すべてのアプリ＞をクリックし、アンインストールしたいアプリを右クリックします。

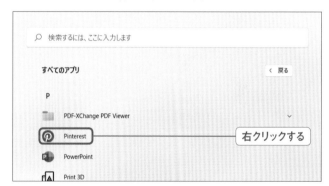

## 3 アンインストールする

＜アンインストール＞をクリックします。

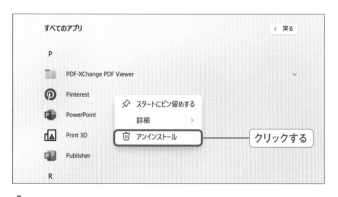

## 4 アンインストールが完了する

＜アンインストール＞をクリックすると、アンインストールが完了します。

はみだし 100% Windows 11では標準アプリから「3D Viewer」「OneNote for Windows 10」「ペイント3D」「Skype」がなくなりましたが、Microsoft Storeからダウンロードすることができます。

# Windows 11の設定を変更しよう

- ▶ 設定
- ▶ コントロールパネル

Windows 11の設定は、「設定」画面とコントロールパネルで行えます。基本的な設定は「設定」画面から、より詳細に設定したいときはコントロールパネルを利用します。自分の使いやすい設定に変更してみましょう。

## 「設定」画面を表示する

### 1 スタートメニューを開く

タスクバーの ■ をクリックするか、■ キーを押してスタートメニューを開きます。

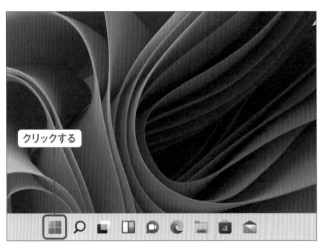

### 2 <設定>をクリックする

<設定>をクリックします。

### 3 「設定」画面が表示される

「設定」画面が表示されます。設定したい項目をクリックします。

### 4 詳細な設定項目が表示される

さらに詳細な設定項目が表示されます。前の画面に戻るには、画面左上の ← をクリックします。

はみだし100% 画面左上の検索ボックスに項目名を入力すると、設定項目を探し出すことができます。コントロールパネルの場合は、画面右上に検索ボックスが表示されています。

# コントロールパネルを表示する

## 1 スタートメニューを開く

スタートメニューを開き、＜すべてのアプリ＞→
＜Windowsツール＞の順にクリックします。

## 2 コントロールパネルを開く

＜コントロールパネル＞をダブルクリックします。

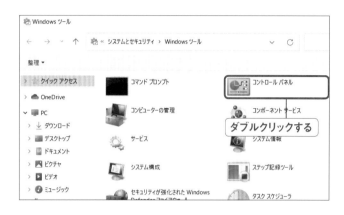

## 3 コントロールパネルが表示される

コントロールパネルが表示され、設定項目がカテゴリ
別に表示されます。

## 4 詳細な設定項目を表示する

詳細な設定項目を大きいアイコンで表示するには、
＜カテゴリ＞をクリックし❶、＜大きいアイコン＞をク
リックします❷。

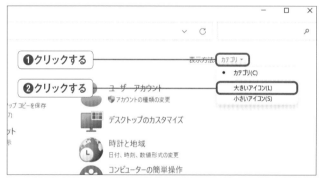

## 5 大きいアイコンで表示される

詳細な設定項目が大きいアイコンで表示されます。
＜大きいアイコン＞をクリックし❶、＜小さいアイコ
ン＞をクリックします❷。

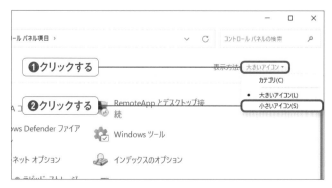

## 6 小さいアイコンで表示される

詳細な設定項目が小さいアイコンで表示されます。カ
テゴリ別の表示に戻すには、＜小さいアイコン＞をク
リックし❶、＜カテゴリ＞をクリックします❷。

**はみだし100%** Windows 11では、コントロールパネルへのアクセス方法が上記手順のように変わりました。コントロールパネルを頻
繁に利用するような場合は、タスクバーにピン留め（P.021参照）するなどしておくとよいでしょう。

# デスクトップの背景やテーマを変更しよう

▶ 背景
▶ テーマ

デスクトップの背景（壁紙）や、背景や色の組み合わせなどをまとめて変更できるテーマは、＜設定＞アプリから変更することができます。Microsoft Storeにはさまざまなテーマが豊富に用意されているので、ダウンロードしてみるとよいでしょう。

## 🛠 デスクトップの背景を変更する

### 1 ＜個人用設定＞をクリックする

P.062を参考に「設定」画面を表示し、＜個人用設定＞をクリックして❶、＜背景＞をクリックします❷。

### 2 画像を選択する

「背景をカスタマイズ」で「画像」を選択し❶、背景に設定したい画像をクリックします❷。なお、＜写真を参照＞をクリックするとそのほかの画像を設定できます。

### 3 背景が設定される

デスクトップ画面を表示すると、背景が変更されたことを確認できます。

### 📝 COLUMN

### デスクトップ画面から背景を変更する

デスクトップ画面の何もないところで右クリックし、＜個人用設定＞をクリックすることでも背景の設定画面を表示できます。

**はみだし 100%**　手順**2**の画面で、「デスクトップ画像に合うものを選択」のプルダウンメニューから、背景の表示方法を変更することができます。画面の表示に合わせるほか、拡大表示や並べて表示することも可能です。

# テーマをダウンロードする

## 1 ＜個人用設定＞をクリックする

P.064手順1の画面で＜テーマ＞をクリックします。

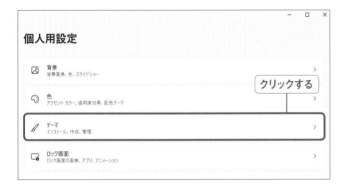

## 2 Microsoft Store を表示する

「Microsoft Storeから追加のテーマを入手する」の＜テーマの参照＞をクリックします。

## 3 テーマを選択する

Microsoft Storeが表示されます。表示されているデスクトップテーマの一覧から好きなものを選択し、クリックします。

## 4 ＜入手＞をクリックする

＜入手＞をクリックすると、テーマのダウンロードが開始されます。

# デスクトップにテーマを設定する

## 1 テーマを設定する

上記手順2の画面で、ダウンロードしたテーマをクリックします。

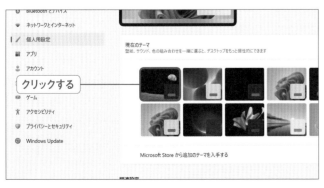

## 2 テーマが変更される

テーマが変更されます。

**はみだし100%** ロック画面を変更したいときは、上側の手順1の画面で＜ロック画面＞をクリックし、「ロック画面を個人用に設定」のプルダウンメニューから「画像」を選択します。

# ディスプレイの表示設定を変更しよう

▶ 画面
▶ スリープモード

操作をしない状態のまま一定時間が経過した場合に、画面を消したり、スリープモードに移行させたりすることができます。必要に応じて、それぞれの時間を設定しておきましょう。なお、スリープモードはマウスやキーボードの操作で解除され、ロック画面が表示されます。

## 画面が消える時間を変更する

### 1 「設定」画面を開く

スタートメニューで＜設定＞をクリックします。

### 2 ＜システム＞をクリックする

「設定」画面が表示されたら、＜システム＞をクリックします。

### 3 ＜画面とスリープ＞をクリックする

＜電源＆バッテリー＞→＜画面とスリープ＞の順にクリックします。

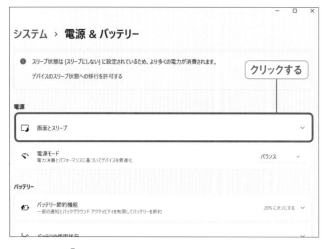

### 4 画面が消える時間を設定する

画面の電源を切る項目のプルダウンメニュー（ここでは＜なし＞）をクリックします。

はみだし
100%　ノートパソコンやタブレットなど、機種によってはバッテリー駆動時と電源接続時とに分けて、画面が消える時間やスリープモードに移行する時間を設定することができます。

## 5 時間を選択する

画面が消えるまでの時間をクリックします。

## 6 設定が完了する

設定が完了します。操作をしない状態で設定した時間が経過すると、画面が消えます。

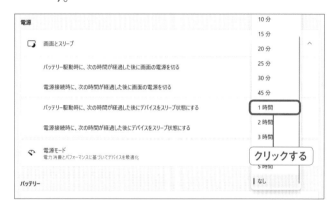

---

# スリープモードに移行する時間を変更する

## 1 スリープモードの時間を設定する

P.066手順 4 の画面で、スリープ状態にする項目のプルダウンメニュー（ここでは＜なし＞）をクリックします。

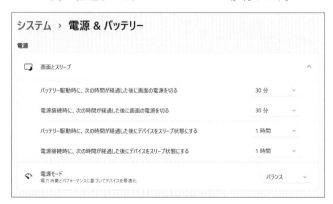

## 2 時間を選択する

スリープモードに移行するまでの時間をクリックします。

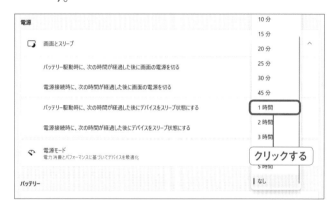

---

## 3 設定が完了する

設定が完了します。操作をしない状態で設定した時間が経過すると、スリープモードに移行します。

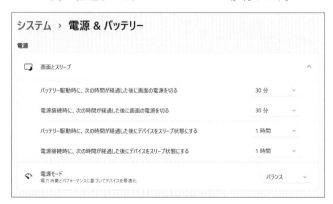

---

### 🖉 COLUMN

## 省電力プランに切り替える

手順 1 の画面で、「電源モード」のプルダウンメニューから「トップクラスの電力効率」を選択すると、電力消費を抑えられます。

---

**はみだし 100%** 上記COLUMNの画面で＜バッテリー節約機能＞をクリックすると、バッテリー残量が指定の値になったときにこの機能をオンにしたり、この機能を使っているときは画面の明るさを下げたりするなどの設定が行えます。

# サインインの設定を変更しよう

- ▶ パスワード
- ▶ PIN

ユーザーアカウントの画像は好きなものに変更することができます。また、パソコンへのサインイン方法にはいくつか種類があります。ここではパスワードを変更する方法と、PIN（暗証番号）を設定する方法を紹介します。

##  ユーザーアカウントの画像を変更する

### 1 ＜アカウント＞をクリックする

P.062を参考に「設定」画面を表示し、＜アカウント＞をクリックして❶、＜ユーザーの情報＞をクリックします❷。

### 2 画像を設定する

「ファイルの選択」の＜ファイルの参照＞をクリックします。画像ファイルを選択し、＜画像を選ぶ＞をクリックすると、画像が設定されます。

##  パスワードを変更する

### 1 ＜変更＞をクリックする

サインインにパスワードを設定している場合は、上記手順①の画面で、＜サインインオプション＞→＜パスワード＞の順にクリックし❶、＜変更＞をクリックします❷。

### 2 パスワードを入力する

現在のMicrosoftアカウントのパスワードを入力し❶、＜サインイン＞をクリックします❷。なお、ローカルアカウントの場合は、現在のパスワードを入力して＜次へ＞をクリックします。

**はみだし 100%** パソコンにカメラが付いている場合、上側の手順②の画面で、「写真を撮る」の＜カメラを開く＞をクリックするとく カメラ＞アプリが起動し、その場で撮影した写真を設定することができます。

## 3 新しいパスワードを入力する

現在のパスワードを入力し❶、新しいパスワードを入力して❷、＜次へ＞をクリックします❸。なお、ローカルアカウントの場合は、新しいパスワードとヒントを入力して＜次へ＞をクリックします。

## 4 パスワードが変更される

パスワードが変更されます。＜完了＞をクリックして設定を終了します。

# PIN を設定する

## 1 ＜ PIN ＞をクリックする

P.068「パスワードを変更する」の手順❶の画面で、＜PIN（Windows Hello）＞をクリックし❶、＜セットアップ＞をクリックします❷。なお、ローカルアカウントの場合は、パスワードを入力して＜OK＞をクリックします。

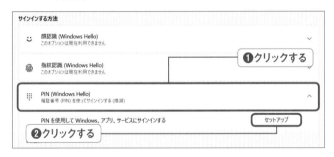

## 2 4 桁の数字を入力する

「PINを作成します」画面が表示された場合は、＜次へ＞をクリックします。PINとして設定する4桁の数字を2回入力し❶、＜OK＞→＜OK＞の順にクリックします❷。

## 3 PIN の設定が完了する

PINの設定が完了します。以降は4桁の数字を入力してサインインできるようになります。

### PINを変更する

設定済みのPINを変更する場合は、手順❶の画面で＜PINの変更＞をクリックします。現在のPINを入力し❶、新しいPINを2回入力して❷、＜OK＞をクリックします❸。

---

**はみだし 100%** 手順❶の操作のあとに、Microsoftアカウントの認証画面が表示される場合があります。Microsoftアカウントのパスワードを入力すると、手順❷の画面が表示されます。

# 通知の設定を変更しよう

▶ 通知
▶ アプリ

メッセージが届いたり、新着のお知らせがあったりすると、パソコンに通知が届きます。通知はアプリごとに設定することもできるので、よく使うアプリはオンに、通知が煩わしいアプリはオフにしておくとよいでしょう。

## 通知設定を変更する

### 1 「設定」画面を開く

P.062を参考に「設定」画面を表示し、＜システム＞をクリックして❶、＜通知＞をクリックします❷。

### 2 ∨をクリックする

「通知」の∨をクリックします。

### 3 通知を設定する

通知に関する設定が行えます。通知が不要な項目はチェックボックスをクリックしてチェックを外しておきましょう。

### COLUMN

## デスクトップ画面から「通知」画面を開く

デスクトップ画面右下の日時が表示されている部分を右クリックし❶、＜通知設定＞をクリックすることでも❷、手順2の画面を開くことができます。

**はみだし 100%** 手順2の画面で＜集中モード＞をクリックすると、通知の表示を制御することができます。集中モードになる時間帯も設定できるため、作業に集中したいときに設定しておくと便利です。

# アプリごとに通知の設定を行う

## 1 「設定」画面を表示する

P.062を参考に「設定」画面を表示し、＜システム＞をクリックして❶、＜通知＞をクリックします❷。

## 2 下方向にスクロールする

下方向にスクロールすると、各アプリの通知設定を行えます。

## 3 ＜オン＞をクリックする

通知をオフにしたいアプリの＜オン＞をクリックします。

## 4 通知がオフになる

通知がオフになります。

---

📝 COLUMN

### 通知方法を設定する

手順3の画面で、通知方法を設定したいアプリの＞をクリックすると、通知の表示方法のほか、ロック画面で通知内容を非公開にしたり、通知が届いたときに音を鳴らすかどうかを設定したりすることができます。アプリごとに変えられるので、よく使うアプリなどに設定しておくとよいでしょう。

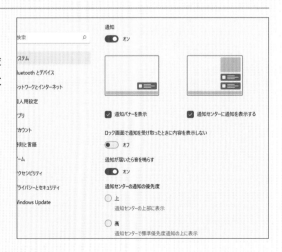

---

# OneDriveにファイルを保存しよう

▶ OneDrive
▶ 保存

Microsoftアカウントを作成すると、5GBまで無料で使えるクラウドストレージサービス「OneDrive」を利用できます。OneDriveにファイルを保存しておけば、ほかのデバイスからでも同じファイルにアクセスできるので、外出中などでも便利です。

## OneDrive とは

OneDriveは、インターネット上でファイルを共有できるクラウドストレージサービスです。同じMicrosoftアカウントでOneDriveを利用すれば、ほかのデバイスからでもファイルを閲覧・編集できるほか、共有フォルダーを作成して複数のメンバーとファイルを共有することも可能です。また、エクスプローラーには「OneDrive」フォルダーが作成されているので、ファイルの操作もスムーズに行えます。さらに、「Office Online」を利用すれば、Officeをインストールしていないパソコンでも、Officeファイルの閲覧・編集を行うことができます。

同じアカウントでOneDriveにアクセスすると、あらゆるデバイスでファイルを共有できます。

OneDriveでは、Office Onlineと連携してWordファイルやExcelファイルをWeb上で閲覧・編集できます。

## OneDrive を設定する

### 1 ＜ OneDrive ＞をクリックする

スタートメニューで＜すべてのアプリ＞→＜OneDrive＞の順にクリックします。

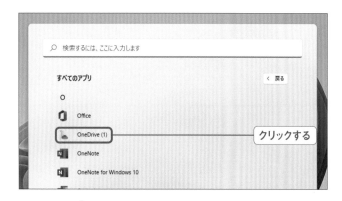

### 2 OneDrive の設定が完了する

OneDriveの設定が完了すると通知領域にOneDriveのアイコンが表示されます。アイコンをクリックすると、OneDriveで行った操作の履歴が表示されます。

 **はみだし 100%** Office Onlineは、Webブラウザから利用できるOfficeのWebアプリです。WordやExcel、PowerPointなどを無料で利用することができます。アプリ版ほどの機能はありませんが、閲覧と文字編集などの機能が利用可能です。

# Microsoft Edge から OneDrive にファイルを保存する

## 1 OneDrive にサインインする

P.032を参考に、Microsoft Edgeで「OneDrive」を検索し、Webページのリンクをクリックしたら、Microsoftアカウントのメールアドレスを入力し❶、＜次へ＞をクリックします❷。

## 2 パスワードを入力する

Microsoftアカウントのパスワードを入力し❶、＜サインイン＞をクリックします❷。

## 3 OneDrive が開く

OneDriveが開きます。ファイルを保存するには、＜アップロード＞をクリックし❶、＜ファイル＞をクリックします❷。

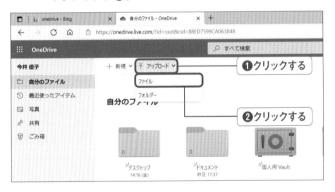

## 4 ファイルを選択する

ファイルをクリックして選択し❶、＜開く＞をクリックします❷。

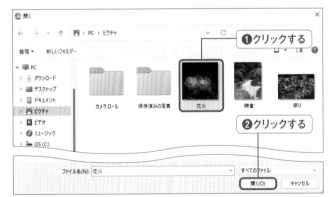

## 5 ファイルが保存される

ファイルがアップロードされ、OneDrive内に保存されます。

### 📝 COLUMN

## エクスプローラーから保存する

エクスプローラーで「OneDrive」フォルダーにファイルをコピーすることでも、ファイルをOneDriveに保存できます。

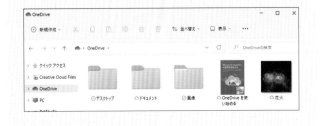

---

はみだし100% OneDriveに保存したファイルは、手順3の画面でファイルをクリックし、＜共有＞をクリックすると、ほかのユーザーと共有することができます。＜ダウンロード＞をクリックすると、ファイルをダウンロードできます。

# Wi-Fiで接続しよう

▶ Wi-Fi

▶ アクセスポイント

Windows 11でWi-Fiを利用したいときは、Wi-Fiの電波を発信しているアクセスポイントとの接続が必要です。接続の設定はシンプルなので、アクセスポイント名とネットワークセキュリティキー（パスワード）をあらかじめ確認しておくと、かんたんに接続することができます。

## Wi-Fi に接続する

### 1 ＜ネットワークとインターネット＞をクリックする

P.062を参考に「設定」画面を表示し、＜ネットワークとインターネット＞をクリックして❶、＜Wi-Fi＞をクリックします❷。

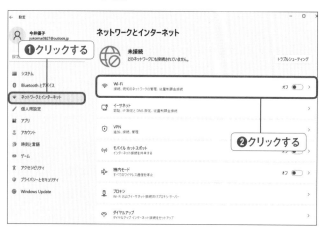

### 2 Wi-Fi をオンにする

「Wi-Fi」の＜オフ＞をクリックしてオンにします。

### 3 アクセスポイントを選択する

＜利用できるネットワークを表示＞をクリックし❶、接続したいネットワークをクリックします❷。

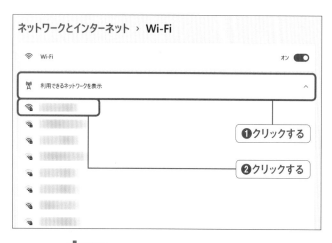

### 4 ＜接続＞をクリックする

＜接続＞をクリックします。なお、自動的に接続したくない場合は、＜自動的に接続＞をクリックしてチェックを外します。

はみだし
100%

手順2の画面で＜既知のネットワークの管理＞をクリックすると、これまでに接続したことのあるネットワークが一覧で表示されます。削除したいときは、不要なネットワークの＜削除＞をクリックします。

## 5 ネットワークセキュリティキーを入力する

ネットワークセキュリティキー（WEPやWPAなどのパスワード）を入力し❶、＜次へ＞をクリックします❷。

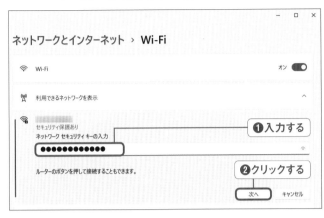

## 6 アクセスポイントに接続される

ネットワーク名に「接続済み」と表示されたら、接続完了です。

# Wi-Fi の接続を解除する

## 1 ＜切断＞をクリックする

手順6の画面で、＜切断＞をクリックします。

## 2 接続が解除される

ネットワーク名の「接続済み」という表示が消え、接続が解除されます。再接続するには、＜接続＞をクリックします。2回目からはネットワークセキュリティキーを入力しなくても接続することができます。

---

### ✎ COLUMN

## スマートフォンのネットワークに接続する

スマートフォンのサービスの1つ「インターネット共有（テザリングオプション）」を利用すると、スマートフォンをアクセスポイントにしてWi-Fiに接続することができます。パソコンで利用できるアクセスポイントが見つからないときに、スマートフォンからネットワークに接続できるのでとても便利です。接続にはスマートフォンの通信料金がかかるので注意してください。

なお、スマートフォンのインターネット共有（テザリングオプション）は有料の場合があります。詳しくは、お使いのスマートフォンを契約している携帯電話会社に問い合わせてください。

スマートフォンのネットワークが表示される

---

**はみだし 100%** Wi-Fiに接続すると、デスクトップ画面右下にWi-Fiのアイコン🛜が表示されます。クリックするとWi-Fi接続のクイックアクションボタンがハイライト表示され、ここからWi-Fiのオン／オフを切り替えることもできます。

# Windows 11を アップデートしよう

▶ Windows 11

▶ アップデート

Windowsは、機能を追加したり不具合などを修正したりするために、定期的にアップデートされます。セキュリティ対策にもなるので、更新がある場合は最新の状態にアップデートしておきましょう。

## Windows Update でアップデートする

### 1 「設定」画面を開く

P.062を参考に「設定」画面を表示し、＜Windows Update＞をクリックします。

### 2 更新プログラムをチェックする

＜更新プログラムのチェック＞をクリックします。

### 3 更新プログラムが確認される

更新プログラムの確認が始まります。確認が終わるまで待ちます。

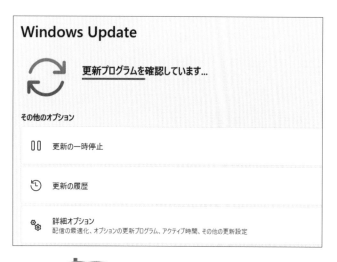

### 4 アップデートする

更新があると自動でアップデートが開始されます。開始されない場合は、＜今すぐダウンロード＞をクリックしましょう。

はみだし 100% 　大事な作業をしているときなど、更新を一時的に停止したいときは、手順2の画面で＜1週間一時停止する＞をクリックしましょう。また、＜更新の履歴＞をクリックすると、過去にアップデートした履歴を確認することができます。

Chapter **5**

# Windows 10のデータを Windows 11に移行しよう

# 移行できるデータについて知ろう

▶ Windows 11
▶ データ移行

Windows 10で使っていたファイルやメールのデータ、Webブラウザのお気に入りなどをWindows 11でも引き継ぎたいときは、USBメモリーなどのUSB機器を利用してデータを移行しましょう。ここでは、移行できるデータについて紹介します。

## 移行できるデータ

### ファイルや写真

ファイルや写真は、USBメモリーや外付けHDD／SSDなどのUSB機器を利用して移行することができます（P.080 ～ 087参照）。エクスプローラーを使ってあらかじめバックをアップを取っておくとよいでしょう。また、ミュージックやビデオ、デスクトップ上に保存されているデータなども移行することができます。

### Outlookのメールや連絡先

Windows 10のOutlookからWindows 11のOutlookにデータを移行することができます。＜ファイル＞→＜開く／エクスポート＞→＜インポート／エクスポート＞の順にクリックし、画面の指示に従ってエクスポートしたら、同様の手順でインポートしましょう。連絡先情報などもインポートできるので、一から登録し直す手間もかかりません。

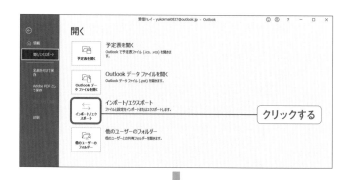

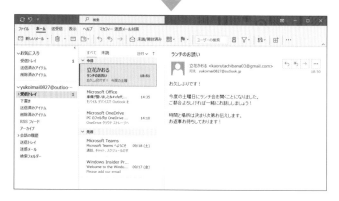

**はみだし 100%** Windows 10で使用していたアプリは基本的には移行することができません。Windows 11で使用できる場合は再度インストールする必要があります。詳しくは、アプリの提供元に確認してください。

## Microsoft Edgeのお気に入り

Microsoft Edgeの「お気に入り」も移行することができます（P.088 〜 090参照）。新しいMicrosoft Edgeの場合、同じアカウントでサインインすれば、Windows 10で使用していた状態をインターネット経由で引き継ぐことができます。

## Microsoft IMEのユーザー辞書

Microsoft IMEのユーザー辞書も「Microsoft IMEユーザー辞書ツール」を使うことでWindows 11に移行することができます。画面右下の「あ」または「A」を右クリックし、＜設定＞→＜学習と辞書＞→＜ユーザー辞書ツールを開く＞の順にクリックしたら、＜ツール＞→＜一覧の出力＞の順にクリックして、任意の場所に保存しましょう。

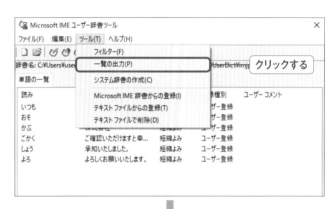

Windows 11でも同様の手順で「Microsoft IMEユーザー辞書ツール」を表示します。＜ツール＞→＜テキストファイルからの登録＞の順にクリックし、エクスポートしたファイルを開くと、登録した単語がインポートされます。

---

📝 COLUMN

# 移行できないデータもある

Windows 10から移行できないデータもあります。たとえば、＜メール＞アプリにはエクスポート／インポート機能がありません。ただし、Outlook.comのメールの場合データはサーバーにあるので、あらかじめ同期機能を有効にしていれば、同じMicrosoftアカウントでサインインしたときに、Windows 10でやり取りしていたメールのほか、カレンダーや連絡先などのデータを引き継ぐことができます。

＜メール＞アプリを起動し、＜アカウント＞をクリックして、「アカウントの管理」から同期機能を設定したいアカウントをクリックします。＜メールボックスの同期の設定を変更＞をクリックすると右の画面が表示されるので、「同期オプション」から同期したい項目をオンにしておきましょう。

---

はみだし
100%　データを移行する場合は、Windows 10とWindows 11で同じMicrosoftアカウントを使用すると便利です。上記のようにMicrosoft Edgeのお気に入りを移行できるほか、OneDrive（P.072参照）に保存したデータもそのまま移行できます。

# Windows 10にUSB機器を接続しよう／取り外そう

▶ Windows 10

▶ USB機器

Windows 10のパソコンのデータをWindows 11のパソコンに移行するには、USBメモリーなどのUSB機器を利用してデータのコピーを行うと、かんたんに移行できます。ここでは、Windows 10にUSB機器を接続する方法とUSB機器を取り外す方法を解説します。

##  Windows 10 に USB 機器を接続する

### 1 USB 機器を接続する

Windows 10のパソコンにUSBメモリーなどのUSB機器を接続します。

### 2 USB 機器を確認する

通知領域の上にメッセージが表示されます。USB機器の名称とアルファベットを確認し❶、☒をクリックして閉じます❷。

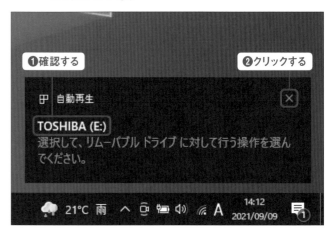

### 3 エクスプローラーを開く

▭をクリックします。

### 4 USB 機器の中身を表示する

「PC」の > をクリックし❶、手順 2 で確認したUSB機器をクリックします❷。

---

080

**はみだし 100%** データのコピーができるUSB機器には、USBメモリー以外にも、外付けHDDや外付けSSDがあります。USBメモリーよりも外付けHDDや外付けSSDのほうがデータを多く保存できます。

# Windows 10 で USB 機器を取り外す

## 1 隠れている通知領域を表示する

P.082 ～ 083の方法で、Windows 10のパソコンからUSBメモリーなどのUSB機器へデータのコピーが終わったら、USB機器を取り外しましょう。︿をクリックし❶、📱をクリックします❷。

❷クリックする
❶クリックする

## 2 取り外す USB 機器をクリックする

表示されるメニューで取り外すUSB機器の＜○○の取り出し＞をクリックします。

クリックする

- デバイスとプリンターを開く(O)
- 802.11n USB Wireless LAN Card の取り出し
- TransMemory の取り出し
  - TOSHIBA (E:)

## 3 メッセージが表示される

「ハードウェアの取り外し」メッセージが表示されたら、✕をクリックします。

クリックする

📱 エクスプローラー

ハードウェアの取り外し
'USB 大容量記憶装置' はコンピューターから安全に取り外すことができます。

## 4 USB 機器を取り外す

USB機器をパソコンから取り外します。

---

### ✏ COLUMN

## Windows 10でエクスプローラーからUSB機器を取り外す

上記手順以外にも、P.080手順④の画面でUSBメモリーなどのUSB機器を右クリックし❶、＜取り出し＞をクリックすることでも❷、USB機器を安全に取り外すことができます。
USB機器が使用中のため取り外しができないという内容のメッセージが表示される場合は、エクスプローラーを閉じて上記手順の方法でUSB機器を取り外してください。

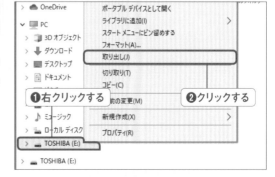

❶右クリックする　❷クリックする

---

# Windows 10のファイルや 写真をコピーしよう

▶ Windows 10

▶ ファイル

Windows 10のパソコンに保存されているファイルや写真のデータをUSBメモリーなどのUSB機器にコピーします。あらかじめP.080を参考にUSB機器を接続しておきましょう。コピーするデータが多い場合は時間がかかる場合があります。

## 「ドキュメント」フォルダーをコピーする

### 1 エクスプローラーを開く

📁をクリックします。

### 2 「ドキュメント」フォルダーを右クリックする

「PC」の＞をクリックし❶、＜ドキュメント＞を右クリックします❷。

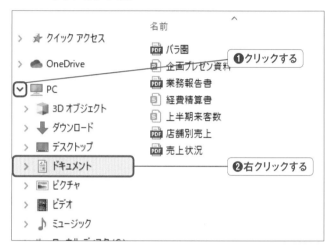

### 3 USB機器をクリックする

表示されるメニューの＜送る＞をクリックし❶、接続中のUSBメモリーなどのUSB機器をクリックします❷。

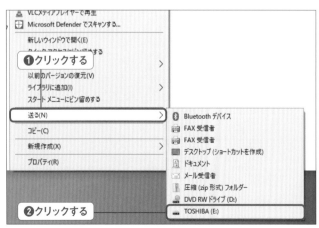

### 4 「ドキュメント」フォルダーがコピーされる

同じ名前のファイルをコピーするか確認の画面が表示された場合は＜スキップ＞をクリックします。「ドキュメント」フォルダーがUSB機器にコピーされます。

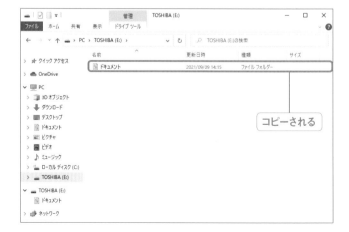

はみだし 100% 間違ってファイルをコピーしてしまった場合は、直後であれば Ctrl キーを押しながら Z キーを押すことでもとに戻せます。P.086～087でWindows 11にファイルを移動するときも同じ操作でもとに戻すことが可能です。

# 「ピクチャ」フォルダーをコピーする

## 1 エクスプローラーを開く

📁 をクリックします。

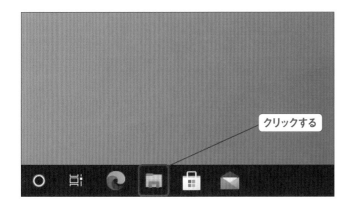

クリックする

## 2 「ピクチャ」フォルダーを右クリックする

「PC」の ＞ をクリックし❶、＜ピクチャ＞を右クリックします❷。

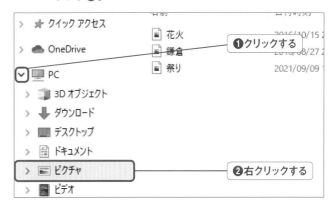

❶ クリックする

❷ 右クリックする

## 3 USB機器をクリックする

表示されるメニューの＜送る＞をクリックし❶、接続中のUSBメモリーなどのUSB機器をクリックします❷。

❶ クリックする

❷ クリックする

## 4 「ピクチャ」フォルダーがコピーされる

同じ名前のファイルをコピーするか確認の画面が表示された場合は＜スキップ＞をクリックします。「ピクチャ」フォルダーがUSB機器にコピーされます。

コピーされる

---

📝 COLUMN

## デスクトップのファイルやフォルダーをコピーする

デスクトップに保存されているファイルやフォルダーをコピーする場合は、手順 4 の画面で＜デスクトップ＞をクリックし❶、コピーするファイルやフォルダーを右クリックします❷。＜送る＞をクリックし❸、接続中のUSBメモリーなどのUSB機器をクリックします❹。なお、「システムフォルダー」や 🔗 が表示されているショートカットファイルをコピーする必要はありません。

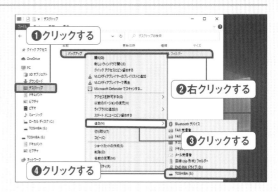

❶ クリックする

❷ 右クリックする

❸ クリックする

❹ クリックする

---

はみだし 100% 「ビデオ」フォルダーや「ミュージック」フォルダーをコピーする場合は、「ドキュメント」フォルダーや「ピクチャ」フォルダーをコピーする方法を参考にしましょう。

# Windows 11にUSB機器を接続しよう／取り外そう

▶ Windows 11
▶ USB機器

Windows 10のパソコンのデータをUSBメモリーなどのUSB機器にコピーしたら、Windows 11のパソコンにデータを移動しましょう。ここでは、Windows 11にUSB機器を接続する方法とUSB機器を取り外す方法を解説します。

## Windows 11 に USB 機器を接続する

### 1 USB 機器を接続する

Windows 11のパソコンにUSBメモリーなどのUSB機器を接続します。

### 2 USB 機器を確認する

通知領域の上にメッセージが表示されます。USB機器の名称とアルファベットを確認し❶、✕をクリックして閉じます❷。

### 3 エクスプローラーを開く

📁をクリックします。

### 4 USB 機器の中身を表示する

「PC」の > をクリックし❶、手順②で確認したUSB機器をクリックします❷。

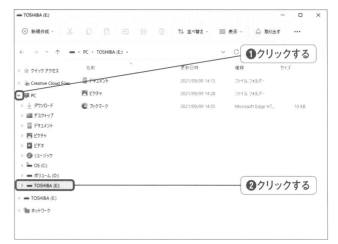

はみだし100％　USB端子にはいくつかの種類があります。Windows 11のパソコンには、従来のType-A端子だけでなく、Type-C端子が搭載されていることがあります。あらかじめ使用できる端子の種類を確認しておきましょう。

# Windows 11 で USB 機器を取り外す

## 1 隠れている通知領域を表示する

P.086 ～ 087の方法でUSBメモリーなどのUSB機器からWindows 11へデータの移動が終わったら、USB機器を取り外しましょう。∧をクリックし❶、🔒をクリックします❷。

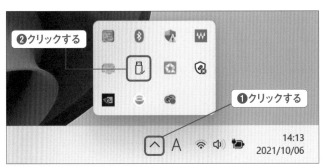

## 2 取り外す USB 機器をクリックする

Windows 11のパソコンから取り外すUSB機器の＜○○の取り出し＞をクリックします。

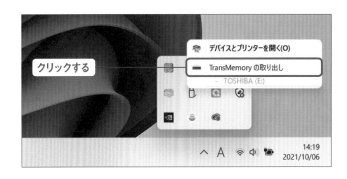

## 3 メッセージが表示される

「ハードウェアの取り外し」メッセージが表示されたら、✕をクリックします。

## 4 USB 機器を取り外す

USB機器をパソコンから取り外します。

---

### 📝 COLUMN

## エクスプローラーのツールバー

Windows 11ではエクスプローラーのリボンが廃止され、ツールバーのみの表示となっています。ツールバーには各機能がコンパクトにまとめられ、上部に常に表示されているので、ファイルを直感的に操作することができます。

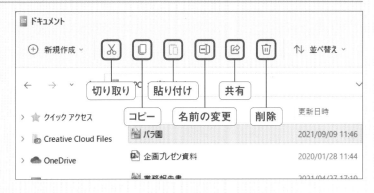

---

はみだし 100% USBのType-C端子は、高速なデータ通信に対応しています。また、Type-A端子とType-C端子をそれぞれ変換するアダプターや、Type-AとType-C両対応のUSBメモリーなども販売されています。

085

# Windows 11にファイルや写真を移動しよう

> Windows 11
> ファイル

P.082 ～ 083でUSBメモリーなどのUSB機器にコピーしたWindows 10のファイルや写真のデータをWindows 11のパソコンに移動します。「ビデオ」フォルダーや「ミュージック」フォルダーも同様の手順で移動することができます。

## 「ドキュメント」フォルダーを移動する

### 1 「ドキュメント」フォルダーを表示する

P.084手順④の画面でWindows 10のデータが保存されているUSB機器の❯をクリックし❶、＜ドキュメント＞をクリックします❷。

### 2 ファイルを選択する

…をクリックし❶、＜すべて選択＞をクリックします❷。

### 3 ⧉をクリックする

「ドキュメント」フォルダー内のファイルがすべて選択されるので、⧉をクリックします。

### 4 ＜ドキュメント＞をクリックする

＜ドキュメント＞をクリックし❶、⧉をクリックすると❷、Windows 10のファイルがWindows 11の「ドキュメント」フォルダーにコピーされます。

**はみだし 100%** 手順④のあとで、「ファイルの置換またはスキップ」画面が表示されたときは、＜ファイルを置き換える＞をクリックするとWindows 10の、＜ファイルは置き換えずスキップする＞をクリックするとWindows 11のデータが優先されます。

# 「ピクチャ」フォルダーを移動する

## 1 「ピクチャ」フォルダーを表示する

P.084手順4の画面でWindows 10のデータが保存されているUSB機器の≫をクリックし❶、＜ピクチャ＞をクリックします❷。

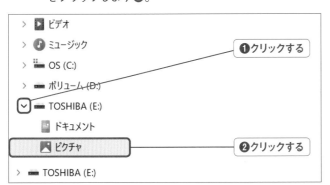

## 2 ファイルを選択する

…をクリックし❶、＜すべて選択＞をクリックします❷。

## 3 🗐をクリックする

「ピクチャ」フォルダー内のファイルがすべて選択されるので、🗐をクリックします。

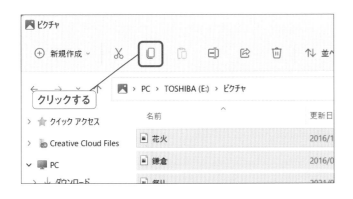

## 4 ＜ピクチャ＞をクリックする

＜ピクチャ＞をクリックし、🗐をクリックすると、Windows 10のファイルがWindows 11の「ピクチャ」フォルダーにコピーされます。

---

### 📝 COLUMN

## デスクトップにファイルやフォルダーを移動する

P.084手順4の画面でデスクトップに移動したいファイルやフォルダーを選択し❶、🗐をクリックします❷。＜デスクトップ＞をクリックし❸、🗐をクリックすると、選択したファイルやフォルダーをWindows 11のデスクトップに移動することができます。

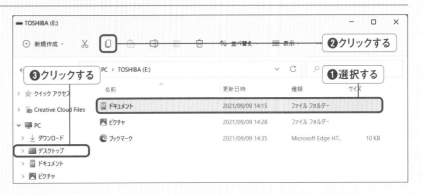

---

「ファイルの置換またはスキップ」画面が表示されたときに、Windows 10のデータとWindows 11のデータの両方を新しいパソコンに保存したい場合は、＜ファイルの情報を比較する＞をクリックして保存するファイルを選択します。

# Webブラウザのお気に入りを移行しよう

- ▶ **Webブラウザ**
- ▶ **お気に入り**

Windows 10の「Microsoft Edge」で登録していた「お気に入り」をWindows 11の「Microsoft Edge」に移動しましょう。ここでは、新しいMicrosoft Edgeでお気に入りを同期する方法と、古いMicrosoft Edgeでデータを移行する方法を紹介します。

## 新しい Microsoft Edge でお気に入りを同期する

### 1 新しい Microsoft Edge を起動する

Windows 10のパソコンで新しいMicrosoft Edgeを使用している場合は、タスクバーの🔵をクリックしてMicrosoft Edgeを起動します。

### 2 ●をクリックする

●をクリックし❶、＜サインイン＞をクリックします❷。

### 3 アカウントを選択する

同期するアカウントをクリックし❶、＜続行＞をクリックします❷。

### 4 同期する

＜同期＞をクリックすると、お気に入りが同期されます。Windows 11でも手順①～④の操作を行うと、お気に入りが同期され、データが移行されます。

**はみだし 100%** 新しいMicrosoft Edgeの場合、Windows 10で使用していたMicrosoftアカウントで、Windows 11のMicrosoft Edgeにサインインすれば、お気に入りやパスワード、閲覧データなどが同期されます。

# 古い Microsoft Edge からお気に入りを移行する

## 1 古い Microsoft Edge を起動する

Windows 10のパソコンで、タスクバーの **e** をクリックしてMicrosoft Edgeを起動します。

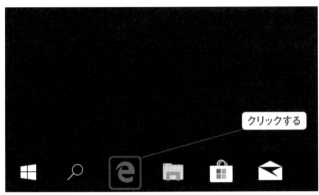

## 2 お気に入りを開く

☆ をクリックし❶、＜お気に入り＞をクリックして❷、⚙ をクリックします❸。

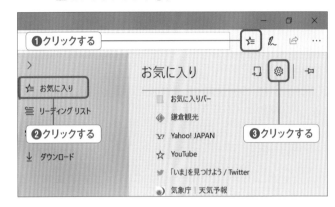

## 3 ＜インポートまたはエクスポート＞をクリックする

＜インポートまたはエクスポート＞をクリックします。

## 4 ＜ファイルにエクスポート＞をクリックする

＜お気に入り＞をクリックして選択し❶、＜ファイルにエクスポート＞をクリックします❷。

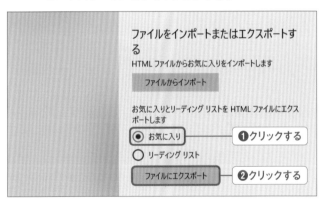

## 5 エクスポート先を選択する

USB機器をクリックし❶、ファイル名を入力して❷、＜保存＞をクリックします❸。

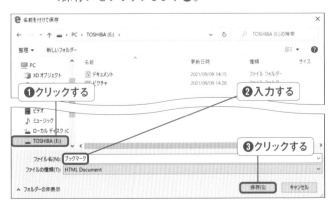

## 6 お気に入りがエクスポートされる

USB機器にお気に入りがエクスポートされます。

---

**はみだし 100%** Windows 10では、「新しいMicrosoft Edge」と「古いMicrosoft Edge」の2種類があります。それぞれの見分け方は、P.088およびP.089の手順①のタスクバーに表示されるアイコンで確認してください。

## 7 Microsoft Edge を起動する

Windows 11のパソコンでMicrosoft Edgeを起動し、✯をクリックして❶、…をクリックします❷。

## 8 お気に入りをインポートする

＜お気に入りのインポート＞をクリックします。

## 9 インポート元を選択する

「インポート元」からインポートするデータの種類をクリックして選択します。

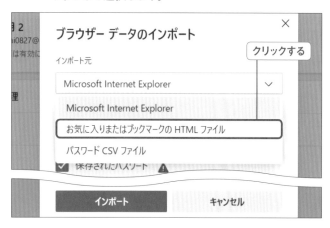

## 10 ＜ファイルの選択＞をクリックする

＜ファイルの選択＞をクリックします。

## 11 ファイルを選択する

USB機器をクリックし❶、インポートするファイルをクリックして❷、＜開く＞をクリックします❸。

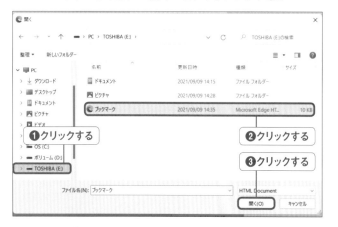

## 12 お気に入りがインポートされる

お気に入りがインポートされます。＜完了＞をクリックして終了します。

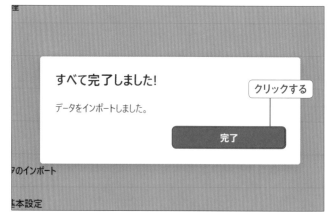

**はみだし 100%** ここではP.089でエクスポートしたデータをインポートしましたが、そのほかにも、Google Chromeのお気に入りやパスワード情報などをインポートすることができます。手順9の画面で必要な項目を選択してインポートしましょう。

# 付録
# 新しいパソコンの初期設定をしよう

# Windows 11の
# 初期設定をしよう

▶ 初期設定
▶ Windows 11

Windows 11のパソコンを購入したときや、パソコンをリセットしたときは初期設定が必要です。ここでは、Windows 11の初期設定の手順を解説します。なお、使用環境によっては初期設定画面が異なる場合があるので、その場合は画面の指示に従って設定しましょう。

##  Windows 11 の初期設定を行う

### 1 言語を選択する

Windows 11を初めて起動すると、言語を選択する画面が表示されます。言語（ここでは＜日本語＞）をクリックし❶、＜はい＞をクリックします❷。

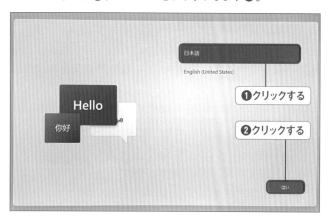

### 2 居住地域を選択する

「国または地域はこれでよろしいですか？」画面が表示されるので、＜日本＞をクリックし❶、＜はい＞をクリックします❷。

### 3 キーボードレイアウトを選択する

「これは正しいキーボードレイアウトまたは入力方式ですか？」画面が表示されるので、＜はい＞をクリックし、キーボードレイアウトを追加する画面では＜スキップ＞をクリックします。

### 4 ネットワークを選択する

無線LANで接続する場合は「ネットワークに接続しましょう」画面で接続したいネットワークをクリックし❶、＜接続＞をクリックします❷。次の画面でパスワードを入力し、＜次へ＞→＜次へ＞の順にクリックします。

**はみだし 100%** 機種によっては、初期設定時にメーカー独自の設定を行う場合があります。よくわからない場合は、初期設定時に設定を行わなくてもあとから設定することができます。

## 5 ライセンス契約を確認する

「ライセンス契約をご確認ください。」画面が表示された場合はライセンス契約の内容を確認し、<同意>をクリックします。

## 6 パソコンの名前を設定する

「PCの名前を設定しましょう」画面でパソコンの名前を入力し①、<次へ>をクリックすると②、パソコンが再起動します。

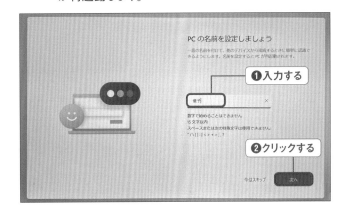

## 7 Microsoft アカウントを設定する

「Microsoftアカウントを追加しましょう」画面でMicrosoftアカウントのメールアドレスを入力し①、<次へ>をクリックしたら②、次の画面でパスワードを入力して<サインイン>をクリックします。

## 8 PIN を作成する

「PINを作成します」画面で<PINの作成>をクリックします。次の画面で4桁の数字を2回入力し、<OK>をクリックします。

## 9 プライバシーを設定する

「デバイスのプライバシー設定の選択」画面で<次へ>を何回かクリックし、それぞれの項目を変更する場合は ⬤━ をクリックして設定をオフにします①。設定後、<同意>をクリックします②。

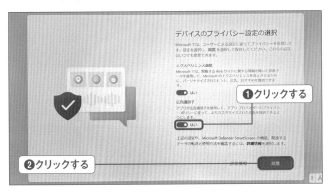

## 10 初期設定が完了する

画面の指示に従って初期設定を完了すると、デスクトップ画面が表示されます。

---

**はみだし 100%** 手順⑨の画面のあと、MicrosoftエクスペリエンスのカスタマイズやOneDriveを使用したファイルのバックアップ方法などの画面が表示されます。ここでは省略していますが、必要に応じて設定しましょう。

# Microsoftアカウントを設定しよう

「Microsoftアカウント」は、ユーザーがマイクロソフトの各種サービスを利用するための個人認証アカウントです。Microsoftアカウントを新しく作成する場合は、メールアドレスが同時に取得されて、メールアドレス名がそのままMicrosoftアカウント名になります。

##  Microsoft アカウントを設定する

### 1 Microsoft アカウントを設定する

P.062を参考に「設定」画面を表示し、＜アカウント＞をクリックして❶、＜Microsoftアカウントでのサインインに切り替える＞をクリックします❷。

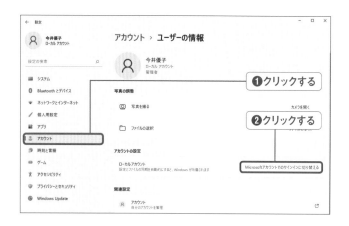

### 2 Microsoft アカウントを作成する

＜作成＞をクリックします。なお、すでにMicrosoftアカウントを取得している場合は、Microsoftアカウントを入力し、＜次へ＞をクリックして、パスワードを入力してサインインします。

### 3 メールアドレスを取得する

＜新しいメールアドレスを取得＞をクリックします。なお、手持ちのメールアドレスをアカウント名として使用したい場合は、メールアドレスを入力し、＜次へ＞をクリックします。

### 4 新しいメールアドレスを入力する

取得したい任意のメールアドレスを入力し❶、＜次へ＞をクリックします❷。

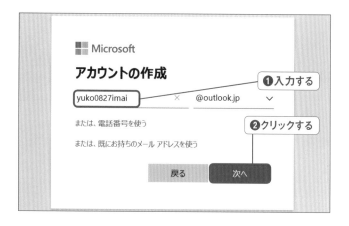

はみだし
100%
Windows 11 ProではMicrosoftアカウントを作成／登録しなくてもローカルアカウントで利用することができますが、Microsoftアカウントを作成／登録することで、Microsoft StoreやOneDriveなどが利用できるようになります。

## 5 パスワードを入力する

パスワードを入力し**❶**、Microsoftからのメール受信を希望する場合はクリックしてチェックを付け**❷**、＜次へ＞をクリックします**❸**。

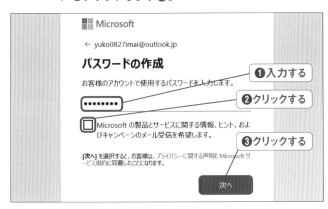

## 6 名前を入力する

「姓」と「名」に自分の名前を入力し**❶**、＜次へ＞をクリックします**❷**。

## 7 生年月日を入力する

居住地域（ここでは「日本」）が正しいことを確認し**❶**、生年月日を入力します**❷**。＜次へ＞をクリックします**❸**。

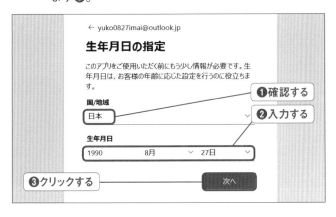

## 8 ローカルアカウントのパスワードを入力する

これまで使用していたローカルアカウントのパスワードを入力し**❶**、＜次へ＞をクリックします**❷**。

## 9 PIN を設定する

＜次へ＞をクリックし、P.069を参考にPINを設定します。

## 10 Microsoft アカウントの設定が完了する

Microsoftアカウントの設定が完了するとP.094手順①の画面が表示され、Microsoftアカウントでのサインインに切り替わったことが確認できます。

---

**はみだし 100%** メールアカウント作成時に取得したメールアドレスは、＜メール＞アプリを起動すると、自動的に設定されているので、すぐに使い始めることができます（P.039参照）。

## お問い合わせについて

本書に関するご質問については、本書に記載されている内容に関するもののみとさせていただきます。本書の内容と関係のないご質問につきましては、一切お答えできませんので、あらかじめご了承ください。また、電話でのご質問は受け付けておりませんので、必ず FAX か書面にて下記までお送りください。
なお、ご質問の際には、必ず以下の項目を明記していただきますようお願いいたします。

1 お名前
2 返信先の住所または FAX 番号
3 書名
 Windows 10 → Windows 11 乗り換え＆徹底活用 100%入門ガイド
4 本書の該当ページ
5 ご使用の OS のバージョン
6 ご質問内容

なお、お送りいただいたご質問には、できる限り迅速にお答えできるよう努力いたしておりますが、場合によってはお答えするまでに時間がかかることがあります。また、回答の期日をご指定なさっても、ご希望にお応えできるとは限りません。あらかじめご了承くださいますよう、お願いいたします。ご質問の際に記載いただきました個人情報は、回答後速やかに破棄させていただきます。

## ■ お問い合わせの例

### FAX

1 お名前
 技術 太郎
2 返信先の住所または FAX 番号
 03-XXXX-XXXX
3 書名
 Windows 10→Windows 11
 乗り換え&徹底活用
 100%入門ガイド
4 本書の該当ページ
 40ページ
5 ご使用の OS のバージョン
 Windows 11
 Home
6 ご質問内容
 手順3の画面が表示されない

## お問い合わせ先

〒 162-0846 東京都新宿区市谷左内町 21-13
株式会社技術評論社 書籍編集部
「Windows 10 → Windows 11 乗り換え＆徹底活用 100%入門ガイド」質問係
FAX 番号：03-3513-6167 ／ URL：https://book.gihyo.jp/116

# Windows 10→Windows 11
# 乗り換え&徹底活用 100%入門ガイド

2021 年 11 月 13 日 初版 第 1 刷発行

著者 ……………………… リンクアップ
発行者 …………………… 片岡 巌
発行所 …………………… 株式会社 技術評論社
 東京都新宿区市谷左内町 21-13
電話 ……………………… 03-3513-6150 販売促進部
 03-3513-6160 書籍編集部
編集 ……………………… リンクアップ
装丁 ……………………… リンクアップ
本文デザイン・DTP ……… リンクアップ
担当 ……………………… 田中 秀春
製本／印刷 ……………… 図書印刷株式会社